# 中国水电可持续评价理论、方法与实践

隋欣　王东胜　杨宝银　贾兰 等　著

中国水利水电出版社
www.waterpub.com.cn
· 北京 ·

## 内 容 提 要

本书以有关科研成果为基本素材，借鉴国际水电可持续发展相关规范和最新研究成果，从全球和流域/区域两个尺度，阐述了水电的效益及影响；针对我国水电行业特点，提出了符合我国国情的水电可持续发展的概念、内涵及指导原则，构建了具有可操作性的中国水电可持续发展评价框架和涵盖管理、社会经济、生态环境三个方面的专项评价方法。

本书可供可再生能源及水利水电工程领域的科技工作者、技术人员、管理人员，以及大中专院校能源工程、能源管理、水利水电工程及公共政策分析等专业的教师和研究生参考。

**图书在版编目（CIP）数据**

中国水电可持续评价理论、方法与实践 / 隋欣等著
. -- 北京 : 中国水利水电出版社, 2017.6
ISBN 978-7-5170-5575-4

Ⅰ. ①中… Ⅱ. ①隋… Ⅲ. ①水利电力工业－可持续性发展－评价指标－中国 Ⅳ. ①F426.61

中国版本图书馆CIP数据核字(2017)第140337号

| | |
|---|---|
| 书 名 | **中国水电可持续评价理论、方法与实践**<br>ZHONGGUO SHUIDIAN KECHIXU PINGJIA LILUN、FANGFA YU SHIJIAN |
| 作 者 | 隋欣 王东胜 杨宝银 贾兰 等 著 |
| 出版发行 | 中国水利水电出版社<br>（北京市海淀区玉渊潭南路1号D座 100038）<br>网址：www.waterpub.com.cn<br>E-mail：sales@waterpub.com.cn<br>电话：(010) 68367658（营销中心） |
| 经 售 | 北京科水图书销售中心（零售）<br>电话：(010) 88383994、63202643、68545874<br>全国各地新华书店和相关出版物销售网点 |
| 排 版 | 中国水利水电出版社微机排版中心 |
| 印 刷 | 北京嘉恒彩色印刷有限责任公司 |
| 规 格 | 155mm×230mm 16开本 13印张 206千字 |
| 版 次 | 2017年6月第1版 2017年6月第1次印刷 |
| 印 数 | 0001—1000册 |
| 定 价 | **49.00**元 |

凡购买我社图书，如有缺页、倒页、脱页的，本社营销中心负责调换

# 前言

水能是技术成熟、运行灵活的清洁低碳可再生能源。在全球气候变化要求减少温室气体排放的大背景下，加快开发利用丰富的水能资源是有效增加清洁能源供应、优化能源结构、保障能源安全、应对气候变化、实现非化石能源发展目标和可持续发展的重要措施。为此，国家能源局发布的《水电发展“十三五”规划（2016—2020年）》明确提出：“把发展水电作为能源供给侧结构性改革、确保能源安全、促进贫困地区发展和生态文明建设的重要战略举措，加快构建清洁低碳、安全高效的现代能源体系，在保护好生态环境、妥善安置移民的前提下，积极稳妥发展水电。”

与此同时，水能资源开发利用引起的生态及移民影响也日益受到重视，国际社会不断探索从可持续发展层面开展水电项目综合评价。国际水电协会《水电可持续性评价规范》和联合国《水电与可持续发展北京宣言》的出台，推动了全球水电可持续开发进程。

借鉴国际经验，建立与国际接轨的中国水电可持续发展理论及技术方法，符合国家能源发展战略思想，对于促进我国水电事业持续发展具有重要意义。

国家能源局高度重视水电可持续发展工作。根据国家能源局的指示和倡导，国家水电可持续发展研究中心于2010年开启了中国水电可持续发展探索进程，开展了国内首个评价案例——乌江梯级水电可持续发展研究。本书以“乌江梯级水电可持续发展研究”、政府间国际科技创新合作重点专项（2016YFE0102400）和中国水利水电科学研究院科研专项（KY1779）的科研成果为基本素材，借鉴国际水电可持续发展相关规范、科技文献和最新研究成果，从全球和流域/区域两个尺度，阐述了水电的效益及影响；针对我国水电行业管理特点，提出了符合我国国情的水电可持续发展概念、内涵及指导原则；基于流域生态系统特征，构建了具有可操作性的中国水电可持续评价框架、评价指标及标准、计量方法，并提炼了涵盖管理、社会经济、生态环境三个方面的中国水电可持续专项评价方法。研究成果可为国家能源局提供运行期水电站管理工具，服务于相关水电行业标准的编制，并为我国水电企业走出国门、开展境外水电开发活动提供可借鉴的标准和行为准则。

本书共分8章。第1章阐述了我国水电的地位和作用、可持续发展的起源与发展、水电可持续发展的探索与实践，以及中国水电可持续发展研究思路。第2章分析了水电的效益与影响、潜在目标冲突，建立了水电可持续发展系统，探索提出了水电可持续发展的概念、内涵及指导原则。第3章建立了中国水电可持续发展的评价框架、指标体系、标准及计量方法，并提炼了中国水电可持续发展的专项评价方法。第4章介绍了乌江水电开发概况、贵州乌江水电开发有限责任公司发展历程，从企业经营管理、梯级水电站建设管理模式、梯级水电站集中运行模式三个方面开展了乌江梯级水电站群的管理可持续专项评价。第5章系统计算了乌江水电管理经验带来的经济效益，核算了乌江梯级水电开发对区域经济的带动作用，从典型电站及流域尺度两个层面开展了社会及移民可持续评价。第6章阐述了乌江梯级水电站对流域自然生态系统的影响及环境保护工作，基于生命周期开展了乌江梯级水电站碳减排效益评估，并从向生态系统服务角度开展了乌江梯级水电站生态效益评估。第7章在管理、社会经济、环境专项评价基础上，开展了乌江水电可持续综合评价。第8章为结论、政策性建议及研究展望。

本书由隋欣、王东胜、杨宝银、贾兰共同撰写，由隋欣审校统稿。此外，项目组成员廖文根、齐晔、施国庆、夏庆杰、谢世清、禹雪中、吴赛男、赵蓉、邓向辉、黄莉、冯顺新、孙中良、姜莉萍、冯时等同志也参与了“乌江梯级水电可持续发展研究”项目工作。贵州乌江水电开发有限责任公司时任总经理熊宇和时任总工程师段伟对项目结题报告编写给予了指导。国家能源局新能源及可再生能源司水能处处长熊敏峰对本书部分章节的撰写给予了悉心指导。在此一并表示感谢！

本书撰写过程中，作者力求做到科学性、前沿性和实用性的有机结合，但由于中国水电可持续发展涉及内容广泛，又与多学科交叉，国内外目前尚无这方面的专著可学习参考，书中内容难免存在错误和不足之处，敬请同行专家和广大读者批评指正！

**作者**

2017年3月

# 目录

# 第1章 绪 论

## 1.1 我国水电的地位和作用

### 1.1.1 全球气候变化背景下中国温室气体减排承诺

全球气候变化已成为世界范围内广泛关注的热点问题（Zhao 等，2013）。根据国际能源协会（International Energy Agency，IEA）的最新数据，2015 年中国排放 90 亿 t 二氧化碳，占当年世界二氧化碳总排放量 321.4 亿 t 的 28%，位于世界各国首位（IEA，2016）。根据预测，2030 年中国温室气体排放量将达到 153 亿 t 二氧化碳当量（Stern，2014；Boyd 等，2015），占当年全球总排放量 567 亿 t 二氧化碳当量的 27%（UNEP，2014）。此外，国际能源协会预测，2035 年之前全球二氧化碳排放量增量的一半将来自中国（IEA，2011）。1996 年，欧盟首次提出将全球平均升温幅度控制在 2℃以内的目标，并将 2℃温控与二氧化碳浓度水平“不大于 550ppm”对应。2009 年 7 月 8 日，G8 峰会参会首脑们首次认同了 2℃温控目标。此后，各国谈判者及科学家对 2℃温控目标达成共识。控制中国温室气体排放已成为全球能否实现 2℃温控目标的关键。

中国政府高度重视温室气体减排。2015 年 6 月，李克强总理宣布了中国应对气候变化 2030 减排计划，即：二氧化碳排放量在 2030 年左右达到峰值并争取尽早达峰；单位国内生产总值二氧化碳排放量比 2005 年下降 60%～65%，非化石能源占一次能源消费比重达到 20% 左右（Mathews 等，2014；UNFCCC，2015）。国际能源协会相关分析结果表明，2014 年和 2015 年全球二氧化碳排放量停止增长得益于全球能源效率改善和中国减少使用化石能源、优先发展可再生能源（图 1.1）。中国温室气体减排效果对于全球碳排放控制效果至关重要。要实现节能减排目标必须大力发展可再生能源，这是国际社会的共识（Erdogdu，2011；Gallagher 等，2015）。

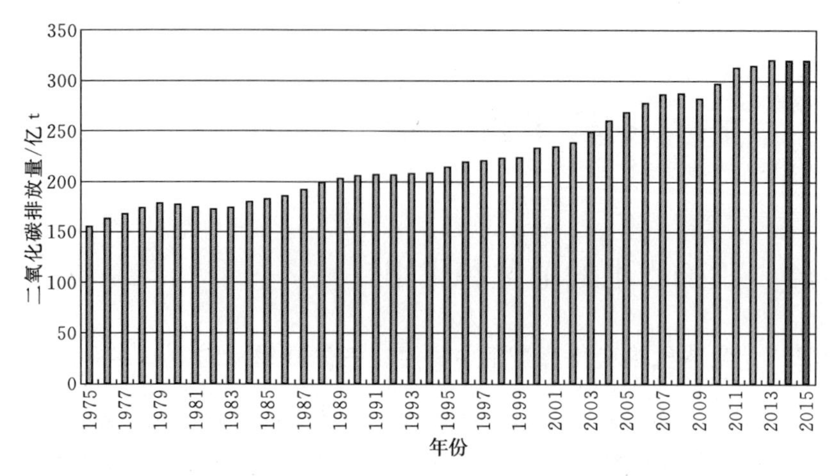


图 1.1　1975—2015 年全球二氧化碳排放情况（数据源于 IEA）

### 1.1.2　中国可再生能源结构及未来发展目标

《能源发展战略行动计划（2014—2020 年）》指出："能源是现代化的基础和动力。能源供应和安全事关我国现代化建设全局。21 世纪以来，我国能源发展成就显著，供应能力稳步增长，能源结构不断优化，节能减排取得成效，科技进步迈出新步伐，国际合作取得新突破，建成世界最大的能源供应体系，有效保障了经济社会持续发展。"目前，我国已成为世界上最大的能源生产国和消费国，形成了煤炭、电力、石油、天然气、新能源、可再生能源全面发展的能源供给体系，基本满足了经济社会发展的需要。

近年来，我国经济发展进入新常态，在稳增长的基础上，调结构、转方式步伐明显加快，能源结构调整优化大势所趋，不可逆转。可再生能源是能源体系的重要组成部分，具有资源分布广、开发潜力大、环境影响小、可永续利用的特点，是有利于人与自然和谐发展的能源资源。开发利用可再生能源已成为世界各国保障能源安全、加强环境保护、应对气候变化的重要措施，也是我国应对日益严峻的能源问题和环境问题的必由之路。

根据国家能源局数据，截至 2015 年底，中国可再生能源装机容量及发电量分别为 4.9 亿 kW 和 13379 亿 kW·h，分别占全国能源装机容量和发电量的 32.3%和 23.3%（表 1.1）。中国可再生能源以水电、风电、太阳能为主，装机比例分别为 63.6%、25.7%和 8.6%。

为了实现国家减排目标，2001年以来中国大幅增加水电、风电与太阳能等再生能源的发电容量（图1.2～图1.4）。截至2015年底，水电、风电、太阳能三种可再生能源装机容量分别为3.19亿kW、1.31亿kW和0.42亿kW，占全球水电、风电、太阳能装机容量的26%、30%和19%（IRENA，2016），三种可再生能源装机容量均居世界首位。根据《可再生能源发展“十三五”规划》，2020年中国水电、风电、太阳能装机容量将分别达到3.8亿kW、2.5亿kW和1.6亿kW（表1.1）。因此，水电在中国可再生能源中具有绝对优势。

**表1.1　　中国能源现状及“十三五”规划情况**

| 项目 | 2015年发电量/(亿kW·h) | 2015年装机容量/万kW | 2020年装机容量/万kW |
|---|---|---|---|
| 全国 | 57399 | 152527 | 203821 |
| 火电 | 42307 | 100554 | 119021 |
| 核电 | 1714 | 2717 | 5800 |
| 水电 | 11127 | 31954 | 38000 |
| 风电 | 1856 | 13075 | 25000 |
| 太阳能 | 395 | 4218 | 16000 |
| 生物质能 | 1 | 9 | |

**注**　2020年各种能源装机容量为“十三五”规划目标值。

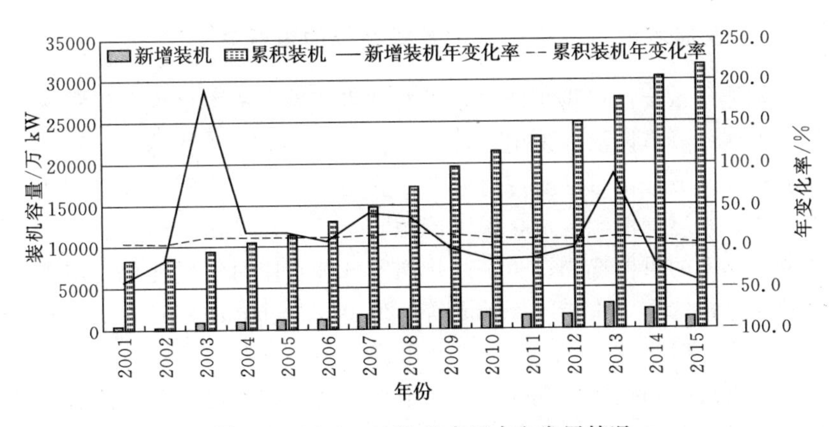


图1.2　2001—2015年中国水电发展情况

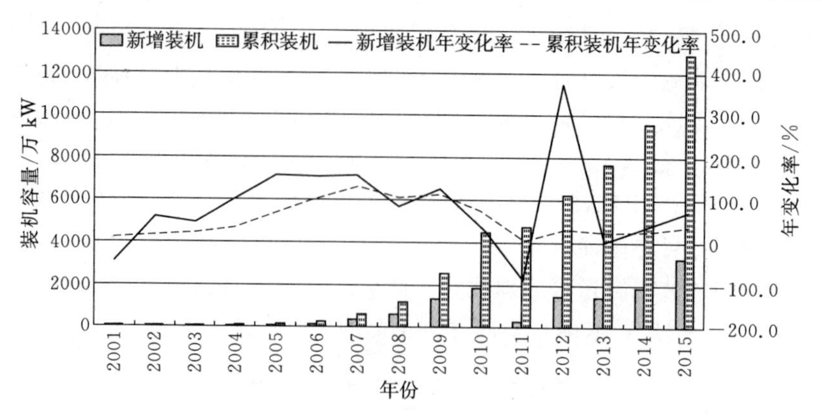


图1.3　2001—2015年中国风电发展情况

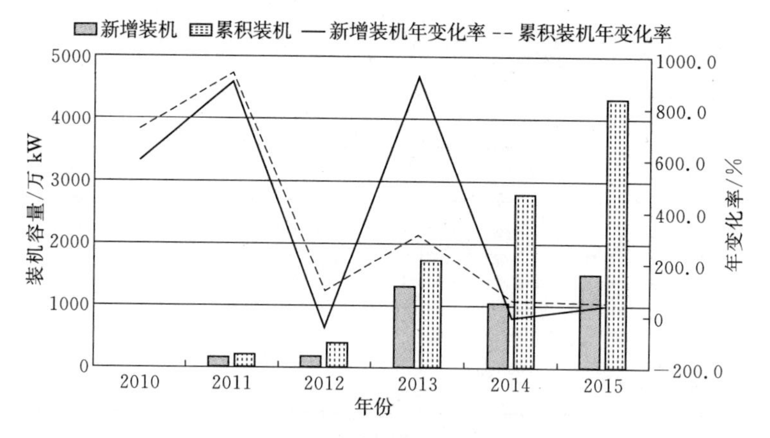


图1.4　2001—2015年中国太阳能发展情况

### 1.1.3　发展水电对于中国实现减排目标的重要意义

水能是重要的可再生能源，具有技术成熟、成本低廉、运行灵活的特点，并具有防洪、发电、灌溉、供水、航运、水产养殖、温室气体减排、区域经济带动等综合效益。我国水能资源丰富，开发利用水能资源，是增加能源供应，保障能源安全，构建稳定、经济、清洁现代能源体系的重要选择；也是减排温室气体，应对气候变化，实现节能减排目标的重要举措（Chang等，2010；Erodgdu，2011；Gallagher等，2015）。

根据最新调查及普查成果，中国水能资源技术可开发装机容量及发电量潜力分别为6.6亿kW和29785亿kW·h，后者占全球水电技

术可开发电量 158499 亿 kW·h 的 18.8%，居世界首位。

我国水能资源具有大型水电站装机容量比重大、地区分布不均、时间分布不均以及集中分布在大江大河干流的特点。截至 2015 年底，中国水电的装机容量为 3.19 亿 kW，发电量为 11143 亿 kW·h，水能资源开发利用率为 37.4%（按发电量计算）。其中，大中型水电（装机容量不小于 50MW）装机容量为 2.216 亿 kW，占水电装机容量的 69%；小水电（装机容量小于 50MW）装机容量 0.75 亿 kW，占水电装机容量的 24%；抽水蓄能水电装机容量占比仅为 7%（图 1.5）。

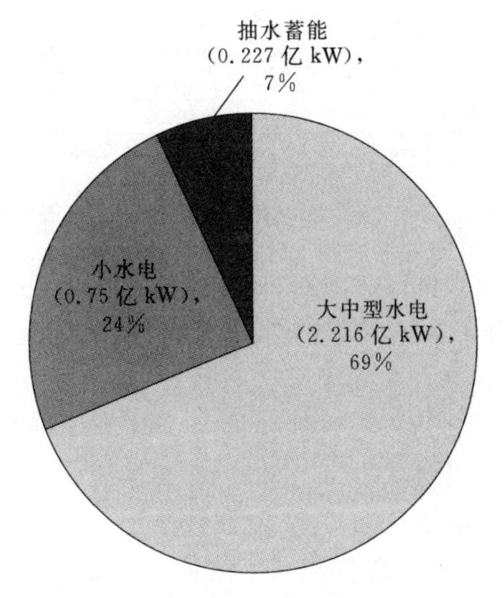


图 1.5　2015 年中国水电分类装机容量情况

按流域划分，全国规划了金沙江、雅砻江、大渡河、澜沧江、乌江、长江上游、南盘江红水河、黄河上游、湘西、闽浙赣、东北、黄河北干流、怒江 13 个水电基地，总装机容量约占全国技术可开发量的 51%（Li 等，2015）。67%的水能资源分布于中国西南、北部和西北地区。

根据《水电发展“十三五”规划（2016—2020 年）》，2020 年中国水电装机容量和发电量规划目标为 3.8 亿 kW 和 12500 亿 kW·h，水能资源开发利用率增至 42%（按发电量计算）；2025 年，中国水电装机容量和发电量将进一步增加，达到 4.7 亿 kW 和 14000 亿 kW·h，其中，常规水电和抽水蓄能水电装机容量分别为 3.8 亿 kW 和 0.9 亿 kW

（图1.6）。

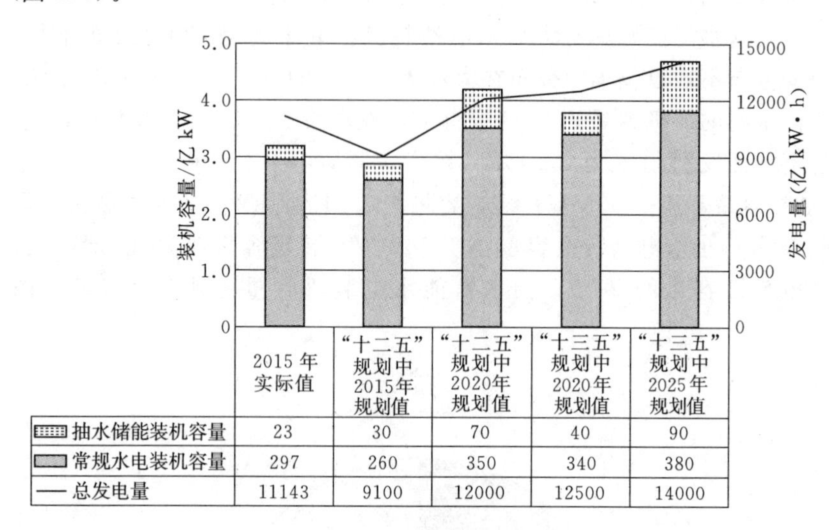


| | 2015年实际值 | “十二五”规划中2015年规划值 | “十二五”规划中2020年规划值 | “十三五”规划中2020年规划值 | “十三五”规划中2025年规划值 |
|---|---|---|---|---|---|
| 抽水储能装机容量 | 23 | 30 | 70 | 40 | 90 |
| 常规水电装机容量 | 297 | 260 | 350 | 340 | 380 |
| —— 总发电量 | 11143 | 9100 | 12000 | 12500 | 14000 |

图1.6　中国“十二五”水电建设情况及“十三五”规划目标

为实现国家减排目标，国家《水电发展“十二五”规划（2011—2015年）》中明确了2015年中国常规水电和抽水蓄能水电装机容量分别为2.6亿kW和3.0亿kW。这一目标在2014年提前一年完成。2015年水电实际装机容量超过规划目标0.39亿kW。与之相反，《水电发展“十三五”规划（2016—2020年）》的2020年常规水电和抽水蓄能水电装机容量规划目标，比《水电发展“十二五”规划（2011—2015年）》中相应目标值降低了0.1亿kW和0.3亿kW。

## 1.2　可持续发展概念与评价

可持续发展，一方面成为全球或国家的战略目标选择，另一方面又成为诊断区域开发及健康运行的标准。由于工业化带来的资源枯竭、环境污染、生态破坏等严重问题，迄今为止，可持续发展已经成为21世纪人口-自然资源-生态环境-社会-经济复杂巨系统的运行规则，是世界各国共同面对的中心问题之一。

### 1.2.1　可持续发展概念

20世纪60—70年代，随着科技进步和人口快速增长，环境、

资源、生态等问题日趋严重，可持续发展思想受到广泛关注。1969年美国颁布的《国家环境政策法》（National Environmental Policy Act，NEPA 1969）提出了可持续发展的概念雏形，即“产生和维持人与自然和谐的条件，并满足当代和后代社会、经济及其他需求”。2009年，美国颁布的《环境、能源和经济状况联邦执行法案（E. O. 13514）》（Federal Leadership in Environmental，Energy and Economic Performance Executive Order）沿用了这一概念（USEPA，2013）。

可持续发展概念的明确提出，最早可追溯到1980年由世界自然保护联盟（International Union for Conservation of Nature，IUCN）、联合国环境规划署（United Nations Environment Programme，UNEP）、世界自然基金会（World Wildlife Fund，WWF）共同发表的《世界自然保护大纲》，其中提出“强调人类通过管理生物圈，确保其保持既能满足当代人的最大持续利益，又能满足后代人需求与欲望的能力”。

此后，1987年挪威首相布伦特兰夫人在她任主席的联合国世界环境与发展委员会（World Commission on Environment and Development，WCED）的报告《我们共同的未来》中，首次提出了经典和最广泛引用的可持续发展概念：“既满足当代人的需要，又不对后代人满足其需要的能力构成危害的发展”（WCED，1987）。这一概念得到了广泛认可，并在1992年联合国环境与发展大会上取得共识。此次会议还通过了以可持续发展为核心的《里约环境与发展宣言》《21世纪议程》等文件。

### 1.2.2 可持续发展研究演变趋势

世界可持续发展理论体系的建立和完善，一直沿着四个主要的方向去揭示其内涵与实质。这四个主要方向已逐渐被国际学人公认为经济学方向、社会学方向、生态学方向和系统学方向。

可持续发展背景下支持决策的科学基础和分析工具主要来源于新知识。计算毒理学、遥感、化学筛选等新知识有助于建立环境科学、经济学和社会学之间直接的联系（Anastas，2012）。这些改进改善了可持续发展科学的发展。国家研究理事会（National Research Council，NRC）的报告《我们共同的旅行：向可持续转变》进一步强调可持续性和可持续发展（NRC，1999）。

美国国家科学院学报（Proceedings of the National Academy of Sciences of the United States of America，PNAS）将可持续性科学定义为“一门新兴学科，致力于研究自然系统与社会系统的相互作用，以及如何影响可持续性挑战，减少贫困，保护生命支持系统（NRC，2014）”。这种概念是问题导向型的，不是从学科角度出发（Clark，2007）。Kates（2001）提出了可持续性科学理论框架。

通过检索出版物数据库，Bettencourt 和 Kaur（2011）提出，可持续性科学在2000年前后有大量研究出版，涉及多学科之间的合作。1997—2007年期间，文章数量以每年15%～20%的比例增加（Clark，2007）。最近出版的期刊文章和著作主要涉及可持续性行动、综合评价、交叉学科方法（Spangenberg，2011；de Vries，2012）、扩大和多样性（Komiyama 等，2011）、对解决科学和社会问题的贡献（Wiek 等，2012）、处理城市化问题（Weinstein 和 Turner，2012）、规划（Hamdouch 和 Zuindeau，2010）、能源（Kajikawa 等，2014）等；已经提出了通过网络方法改善科学和实践（Clark 和 Dickson，2003；NRC，2006），并将理论知识与决策支持相结合（NRC，1999；NRC，2006；Cash 等，2002；Cash 等，2003）。近期研究重点集中于关注人类行为对环境变化的响应，复杂适应性系统的弹性，更好的知识传播方式、更好的决策模型（Miller，2013；Miller 等，2014）、系统组分和它们之间的相关关系（Liu 等，2013）等。

过去几年里，高等级教育研究中心、交叉学科学术和研究规划已经开始关注环境和可持续性（Ness，2013）。根据国家科学与环境理事会2013年的调查，美国236所大学中有1121个可持续性科学小组和研究中心；2012年838所学院和大学，包括1151个小组，授予了1859个跨学科环境与可持续性学士和硕士学位。这些数字表明，过去4年中关注可持续性的高校增加了28%，相应的学位增加了57%（Vincent，2013）。这种增加是有针对性的，并不是科学、技术、工程和数学教育的全面增加。

2010年10月，美国国家科学与技术理事会调整了环境科技相关机构设置，成立了环境、自然资源与可持续性委员会（CENRs），此举旨

在通过联邦科技规划，建立科学、政策与管理决策的直接强效联系，鼓励应用可持续性科学，促进创新。美国环保局（U. S. Environmental Protection Agency，USEPA）、白宫科技政策办公室、国家海洋与大气管理局共同作为 CENRs 的联合主席。2011 年，CENRs 成立了专门的可持续性综合科技工作组，包括 USEPA 和其他 11 个联邦部门。CENRs 分委会，如全球变化研究分委会，也鼓励通过打捆计划推动可持续性成果。

### 1.2.3 国家或地区可持续发展评价

#### 1.2.3.1 概念

尽管布伦特兰夫人提出的概念揭示了可持续发展的本质，但这一概念对于政策制定及管理决策而言太过抽象。此后，许多组织都尝试根据各自的目标和需求提出更为详尽的可持续发展概念。这些概念的共同特征是从可持续发展的社会、经济、环境三个子系统出发，并在三个子系统间有所侧重。例如，“可持续发展是指产生和维持人类与自然和谐共存的条件，并满足当代和后代的社会、经济及其他需求”（Fiksel 等，2012）。

1992 年、2002 年、2012 年三届可持续发展地球峰会（Earth Summit）有效促进了全球可持续发展进程。然而，由于缺乏科学理论的指导，早期可持续发展研究缺乏统一的概念框架和科学规范，不具有良好的系统性和严谨性（Jerneck 等，2011）。2001 年，Kates 等学者在《自然》（*Science*）杂志撰文指出：“可持续发展是维系地球支持系统以满足人类基本需求的能力”；可持续发展学科是“在局地、区域、全球尺度上研究自然和社会动态关系的科学，是为区域可持续发展提供理论基础和技术手段的科学”（Kates 等，2001）。该文的发表标志着以概念、理论和实践基础为研究内容的可持续发展专门学科正式诞生。

总体上，可持续发展概念强调生产和消费模式的转变，要求经济持续增长的同时保护生态环境。国际机构，包括联合国（the United Nations，UN）、经济合作与发展组织（the Organization for Economic Cooperation and Development，OECD）、世界银行（World Bank）侧重于关注可持续发展面临的扶贫和经济发展等方面。《可持续性与美国环保部》（*Sustainability and US EPA*）报告指出：“全球及美国不可避免地面临着人口增长、贫富差距拉大、不可再生自然资源消耗、生物多样性损失、气候变化、营养物质循环中断，这些复杂问题是可持续发展的重点”（NRC，2011）。

世界可持续发展工商理事会（World Business Council for Sustainable Development，WBCSD）等国际工商组织致力于实现可持续发展理念，即经济、环境和社会的协调发展，主要关注四个领域：能源与气候、经济发展、工商业的角色、生态系统（WBCSD，2011）。

人类健康成为近年来可持续发展关注的又一焦点。根据美国环保部的概念，可持续发展强调人类健康与环境，是在社会经济发展的同时持续保护人类健康与环境，通过技术、政策、商业模式改进并确保社会发展不突破地球可供给和人类可利用的自然资本阈值。因此，可持续发展概念关注环境、社会和经济子系统的相互作用（Fiksel，2012）。

**1.2.3.2　结构**

区域可持续发展系统由社会、经济、环境三个子系统组成。三个子系统之间的关系涉及两种模式：①相互协调模式，为圆状重叠结构[图 1.7（a）]，即可持续发展是经济繁荣、社会福利和环境健康的重叠部分；②逐级嵌套模式，为套圆结构［图 1.7（b）］，即在可持续发展系统内环境子系统为经济子系统、社会子系统提供资源与服务（NRC，2011）。三维结构表明，可持续发展超越了传统的自然、人文与社会范畴，是一门研究人类与环境动态关系的综合型科学，涉及经济学、社会学和环境学等多学科，属于跨学科领域。

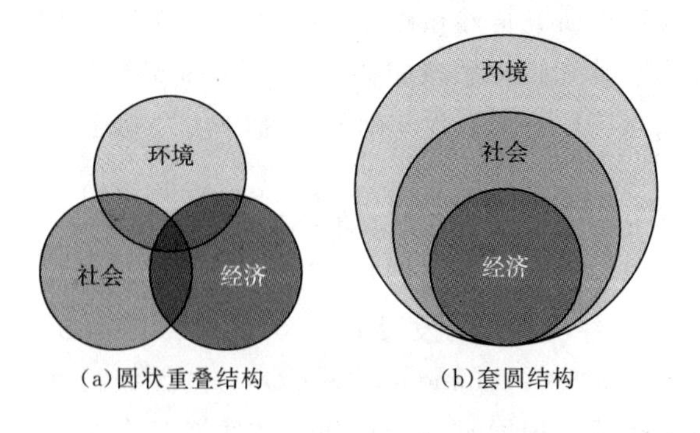


(a)圆状重叠结构　(b)套圆结构

图 1.7　可持续发展的三维结构

以自然-经济-社会三维结构为基础，可持续发展系统构成先后经历了人地关系系统、人口-资源-环境-社会经济四大子系统、人口-环境-经济-社会-管理五大子系统三个阶段。这个演变过程体现了人类对可持续发展内涵认识的不断深化，生存、发展、环境、社会和管理调控已经成为当前可持续发展系统的共识。纵观可持续发展不同阶段的系统组成，自然、经济、社会三维结构始终是揭示其内涵与实质的基石。

（1）社会可持续发展。可持续发展理论研究的社会学方向，把人类健康、社会公平、社会发展、社会分配、利益权衡等作为基本内容。该方向的一个集中点，是力图把“经济效率与社会公平取得合理的平衡”作为可持续发展的重要指标和基本手段。该方向的研究以联合国开发计划署（United Nations Development Programme，UNDP）的《人类发展报告》及其衡量指标“人文发展指数”为代表（UNDP，1999）。

（2）经济可持续发展。可持续发展理论研究的经济学方向，把区域开发、生产力布局、经济结构优化、物质和能量的供需平衡作为基本研究内容，包括清洁生产与可持续发展、消费模式与可持续发展、科技进步与可持续发展、经济政策与可持续发展等理论。可持续发展要求人们放弃传统的高消耗、高增长、高污染粗放型生产方式和高消费、高浪费生活方式，确保获得持续的经济前景。要求人类生产尽量少投入、多产出，消费能够尽可能地多利用、少排放，以减少经济发展对资源和能源的依赖，减少对环境的压力。该方向的一个集中点，是力图把科技进步贡献率或克服投资的边际效益递减率作为衡量可持续发展的重要指标和基本手段。该方向的研究以世界银行历年出版的《世界发展报告》和相关研究报告为代表，例如《超越增加：可持续发展导论》（Soubbotina，2004），以及美国著名生态经济学家戴利的专著《超越增长：可持续发展的经济学》（Daly，1997）。

（3）生态可持续发展。可持续发展理论研究的生态学方向，把生态平衡、自然保护、资源的永续利用和环境容量的保持等作为基本研究内容，包括自然资源与可持续发展、清洁能源与可持续发展、生态农业与可持续发展、环境和生态保护与可持续发展等理论。发展与资源和环境保护相互联系并构成一个有机整体，资源的完整性及永续利用和环境保护的程度是区分传统发展与可持续发展的分水岭。环境恶化、资源耗竭、生态退化是可持续发展提出的最直接原因，因此保护和利用资源环境就成为可持续发展首要研究的问题。该方向的一个集中点，是力图把"环境保护与经济发展之间取得合理的平衡"作为可持续发展的重要指标和基本手段。该方向的研究以挪威前首相布伦特莱夫人的报告《我们共同的未来》、经济合作与发展组织（Organization for Economic Cooperation and Development，OECD）以及世界银行的相关研究报告为代表。

（4）子系统间的相互作用。其突出特点是以综合协调的观点去探索可持续发展子系统的时空耦合、互相制约、互相作用机理。该方向研究以中国科学院可持续发展战略研究组连续发布的《中国可持续发展战略报告》（1999—2009 年）为代表。

此外，我国学者从可持续发展概念出发，将可持续发展的内涵概括为三大基本元素（牛文元，2014）：①推进可持续发展的动力元素，即发展是否采用先进的生产力方式和创新型道路去实现，包括对于国家或区域的自然资本、生产资本、人力资本和社会资本的总体协调水平与优化配置能力；②鉴别可持续发展的质量元素，即发展的过程是否实现发展与环境的平衡以及人与自然的和谐，包括对物质支配水平、环境支持水平、精神愉悦水平和文明建设水平的综合度量；③衡量可持续发展的公平元素，即发展的成果是否惠及全体的社会成员，体现了共建共享的人际公平、资源分配的代际公平和平等参与的区际公平的总和。动力、质量、公平三元素的各自表现和共同作用，是评判可持续发展健康程度的基本要义。

#### 1.2.3.3　原则

（1）公平性原则。可持续发展强调代内公平、代际公平以及资源分配与利用的公平，即同代之间对属于全体人类的资源和环境应该公正合理地支配和管理，同时当代人的发展不能以牺牲后代人的利益为代价。区际之间也应体现均富、合作、互补、平等的原则。

（2）持续性原则。持续性原则是要把当代的发展和未来的发展结合起来，处理好当前利益和长远利益、当代利益和子孙后代的利益，以未来发展的可能性作为制定当代发展战略的前提。其核心是人类社会和经济的发展不能超越资源与环境的承载能力。

（3）共同性原则。可持续发展要求全体人类能够认识到人类与自

然环境的关系，人类的发展必须走可持续的道路，人们应该有共同的可持续发展的价值观念和道德准则。在可持续发展观的引导下，对全球资源的利用和保护不再有民族、国家、区域的界限，而是全人类共同面对的课题。

(4) 协调性原则。可持续发展主要包括自然资源的可持续发展、经济的可持续发展、社会的可持续发展以及各个方面的相互联系、相互制约，良好的自然环境是可持续发展的基础，经济发展是条件，社会发展是目的。可持续发展必须是经济、环境、社会、人口等的协调发展。

#### 1.2.3.4 特征

可持续发展具有三个明显特征（中国能源发展报告编委会，2006）：

(1) 它必须能衡量一个国家或区域的发展度（数量维），强调生产力提高和社会进步的动力特征，即判别一个国家或区域是否在真正地发展、是否在健康地发展、是否在理性地发展，以及是否在保证生活质量和生存空间改善的前提下不断地发展。

(2) 它能衡量一个国家或区域的协调度（质量维），强调效率转化和要素整合的能力，即强调合理地优化财富的来源、财富的积聚、财富的分配及财富在满足全人类需求中的行为规范，能否维持环境与发展之间的平衡、能否维持效率与公平之间的平衡、能否维持市场动力与政府调控之间的平衡。

(3) 它能衡量一个国家或区域的持续度（时间维），即判断一个国家或区域在发展过程中的持续合理性，以及能否维持代际间利益分配的平衡。持续度更注重从可持续意义上去把握发展度和协调度。

#### 1.2.3.5 概念模型及指标体系

概念模型用于阐述可持续发展指标选取的重要规则。世界范围内不同机构根据研究目标、研究尺度和管理需求提出了不同的可持续发展概念模型，包括可持续发展的三维结构、驱动力/压力/状态/影响/响应（DPSIR）模型（European Commission，1999）、驱动力/压力/状态/风险/效应/行动（DPSEEA）模型（Kjellstrom 等，1995；Briggs 等，1996；Corvalan 等，1999；Serageldin，1996）、三角形模型

(Daly，1973)。系统动力学模型可提供更多复杂动力学系统内部结构和行为的具体信息，并有助于可持续发展指标的选取（Gustavson 等，1999)。

最早的可持续发展指标体系，可以追溯到联合国开发计划署于 1990 年提出的人文发展指数。之后，有关可持续发展指标体系的理论得到了很大发展，并相继出现了联合国可持续发展委员会、经济合作与发展组织、世界保护同盟（International Union for Conservation of Nature，IUCN)、世界可持续发展工商委员会、全球报告倡议组织(Global Reporting Institution，GRI)、联合国统计局、世界银行、联合国环境问题科学委员会、英国政府、美国可持续发展委员会提出的可持续发展指标体系、可持续发展晴雨表、环境压力指数、综合环境经济核算体系、生态足迹、可持续性经济福利指数、可持续进步指数、可持续发展评价指标框架等。这些指标体系的突出特点是从不同角度对可持续发展目标进行了诠释，但关注的焦点分歧较大，指标的选取范围和数量以及价值核算的适用范围认识不同，指标体系的量化方法及权重确定方法差异较大。

### 1.2.4　能源行业可持续发展评价

#### 1.2.4.1　概念

可持续发展理念不仅可以应用于国家或地区层面，也可以应用于能源行业，以实现能源开发利用的可持续发展，即可持续能源(Global Bioenergy Partnership，2011；Abouelnaga 等，2010；Doukas 等，2012)；或用于多种电力生产技术之间的比选，例如风电、太阳能、核能、水电多种发电技术的综合评价（Evans 等，2009；Genoud 和 Lesourd，2009)；或用于某种能源开发多个替代方案之间的比选(Wei 等，2010)。

可持续能源是指："持续提高电力能源的生产能力，维持生产阶段废弃材料的数量最小化，保证人类的健康风险处于较低水平，并确保可持续的能源供应"。(Onat，2010) 可持续能源与绿色能源的概念类似，旨在电力生产产业链中减少自然资源消耗量，降低有害气体排放，淘汰高耗能技术，从而实现减排效益，以应对全球气候变化，平衡世界经济发展。

#### 1.2.4.2 概念模型

构建概念模型是开展多种技术或方案比选的前提，并为后续评价指标体系的构建和评价指标的选取提供指导。Musango 等应用系统动力学理论及方法，并与技术研发和可持续发展进程相结合，建立了能源技术可持续评价概念模型（a Systems Approach to Technology Sustainability Assessment，SATSA）（Musango 等，2012），见图 1.8。该概念模型强调，开展能源可持续评价需要综合考虑能源生产生命周期各个阶段的技术特点，以及可持续发展针对社会、经济、环境子系统的不同要求。

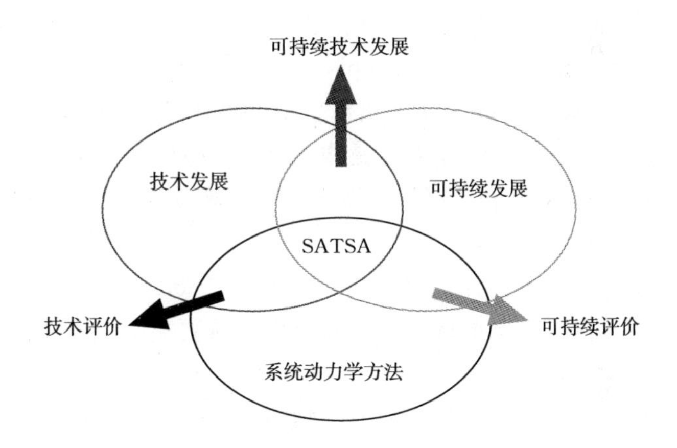


图 1.8 能源技术可持续评价概念模型（SATSA）

#### 1.2.4.3 评价方法

已有可持续能源评价、多种发电技术比选以及能源开发方案比选中，多应用投资回报率方法进行能源开发替代方案的比较分析（Mora 等，2012）。传统的模糊层次分析法（Varun 等，2012）也可用于能源行业可持续定量评价。成本效益分析是衡量水电项目影响及效益的传统方法。但是，由于流域生态系统结构和功能的复杂性，尚无机理模型表征系统内自然生态系统的运行及其与社会经济子系统的相互作用关系，导致某些水电项目带来的大尺度社会影响和生态影响难以直接货币量化。以指标体系为基础的多准则分析方法，可作为成本效益分析的补充方法，用于水电替代方案综合量化评价。因此，多准则分析方法是在国际上应用较为普遍的能源技术比选评价工具（Kahraman 等，2010；Wang 等，2009；Supriyasilpt 等，2009）。

## 1.3　水电可持续发展的探索与实践

### 1.3.1　绿色水电

#### 1.3.1.1　博弈与协商

传统的水电开发评价多基于技术和经济角度。可持续发展战略提出后，国际社会开始不断探索从社会、经济、环境多角度综合评价水电开发规划和具体工程项目。

瑞士联邦环境科学与技术研究所（Swiss Federal Institute for Environmental Science and Technology，EAWAG）于 20 世纪 90 年代启动了绿色水电评价和认证工作。EAWAG 研究人员明确提出，开展绿色水电认证的目的并不是限制水电发展，而是将其作为促进实现运行期水电可持续发展的一个激励措施（Truffer 等，2003）。

研究初期，学者们首先应用"社会困境（Social Dilemma）"模型分析了社会各界对水电的认识，以克服两个重要挑战，即"什么是绿色水电"和"如何定义绿色水电标准"。社会困境是指决策者必须决定是最大化个人利益还是集体利益的情境。在这种情境中，最大化个人利益更有利可图，但是如果所有人都选择最大化个人利益，最终每个人所得到的利益将低于选择最大化集体利益时的利益（Komorita 等，1995）。

应用"社会困境"模型，EAWAG 研究人员将有关水电博弈各方划分为两个阵营：发电阵营和环保阵营，两个阵营的观点针锋相对，并互不妥协（Truffer 等，2003）。发电阵营认为，水电是实现全球减排目标、应对全球气候变化的重要手段，同时水电具有防洪、发电、灌溉、供水、航运、水产养殖、区域社会经济带动等综合效益。环保阵营强调水电站的建设和运行对流域自然生态体系，特别是水生生境及水生生物带来影响（表 1.2、图 1.9）。但是，双方一致认为，鉴于市场认证的挑战性，亟须采取全新且更加趋同的方法，以树立水电公众形象，并解决水电站的环境影响；同时，绿色水电标准需要由双方本着互信原则共同制定。

**表 1.2　　　　　　绿色水电标准的社会困境**

<table>
<tr><td colspan="3"></td><td colspan="2">发电阵营（H）</td></tr>
<tr><td colspan="3"></td><td>坚持</td><td>合作</td></tr>
<tr><td rowspan="2">环保阵营（E）</td><td>坚持</td><td></td><td>H：水电将受到消费者和 NGO 组织的反对，水电的负面形象将强化<br>E：水资源保护法的实施将遭到极大的阻力。尽管水电有正的环境效益，但是公开场合仍然需要与水电做斗争</td><td>H：满足 NGO 组织环境需要的后果是生产成本将增加<br>E：水资源保护法的实施比想象中要容易，甚至可以采用更高的标准保护环境</td></tr>
<tr><td>合作</td><td></td><td>H：水电公众形象亟须改善<br>E：放弃主导地位，成为自然生态系统和景观的保护者</td><td>H：将水电作为绿色电力。在 NGO 组织中树立信誉和形象<br>E：明确定义电力生产的环境质量标准，介绍电力生产者作为合作伙伴</td></tr>
</table>

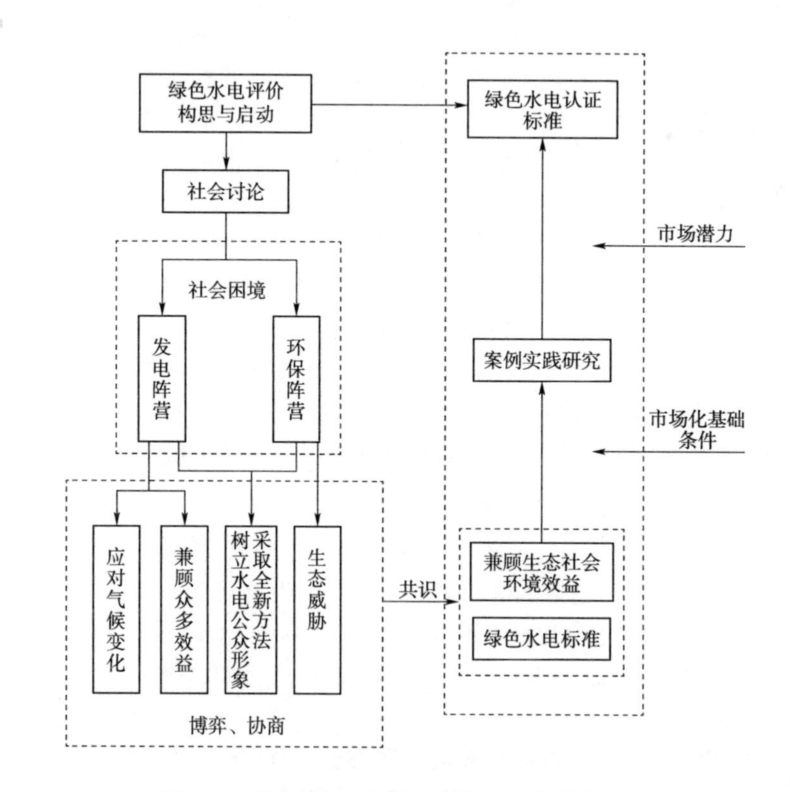


图 1.9　瑞士绿色水电认证制度建立的博弈过程

EAWAG研究人员从1996年开始实地走访各方。经过长时间博弈和协商，达成两个基本原则（Truffer等，2003；Bratrich等，2004）：

（1）从全球和局地两个尺度，综合考虑水电减排效益，水电站社会、经济、生态效益和当地生态环境影响；并应用相同标准开展多种能源，甚至包括传统能源的统一评价。

（2）绿色水电标准，类似于新建电站发放许可所要求达到的生态质量，即满足瑞士“水保法”的规定。确定各参数标准时，需要考虑新建电站的具体标准、绿色水电市场化通用原则、小水电的具体条件、对当地生态系统不可逆影响的补偿原则、获得绿色标志的电价支出（生态投资）。

1998年瑞士国家能源部成立工作组，研究定义瑞士电力标签，EAWAG作为专家团队和水生生态专家参与了相关工作。1999年成立了私营的瑞士环境健康电力协会（Swiss Association for Environmentally Sound Electricity，VUE），负责实施运行期绿色电力的认证工作，以体现发电企业、环保组织和消费者之间的相互平等。

经过多个案例的研究与实践，EAWAG于2001年提出了绿色水电评价（认证）的技术标准。瑞士绿色水电认证制度的成功推向市场取决于两个方面：第一，绿色水电市场潜力调查结果表明，20%的家庭愿意支付超过同期电价20%的费用用于购买绿色电力（Bird等，2002；Wiser等，2001）。假如加上企业和其他团体，绿色电力购买意愿比例会更高。第二，绿色电力市场化具备了四个基本条件，包括：①绿色电力具有市场竞争力，而不是仅仅依赖于购买者的捐赠；②绿色电力有专门销售渠道；③绿色电力是促进环境保护的电力产品，可获得消费者的认可；④电价提高部分的支出透明、可信。

#### 1.3.1.2 评价（认证）方法

2016年1月1日瑞士环境健康电力协会发布了认证导则2.6版本，认证能源种类包括水电、风电、光伏、生物质能、沼气等14种，绿色电力标签见图1.10。“基本（Basic）”标志用于区分可再生能源和传统能源；“星级（Star）”标志用于表示运行期以更加环保方式生产的绿色电力。

EAWAG的绿色水电标准从水文特征（Hydrological Character）、河流系统连通性（Connectivity of River System）、泥沙和河流形态

naturemade basic! naturemade star!

图 1.10 绿色电力标志

(Solid Materials & Morphology)、景观和生物生境（Landscape & Biotopes)、生物群落（Biocoenoses）5 个方面反映健康河流生态系统的特征，并通过 5 个方面的管理措施来实现，即最小流量（Minimum Flow Regulations)、调峰（Hydropeaking)、水库管理（Reservoir Management)、泥沙管理（Bedload Management)、电站设计（Power Plant Design)，形成如图 1.11 所示的环境管理矩阵（Environmental Management Matrix)。

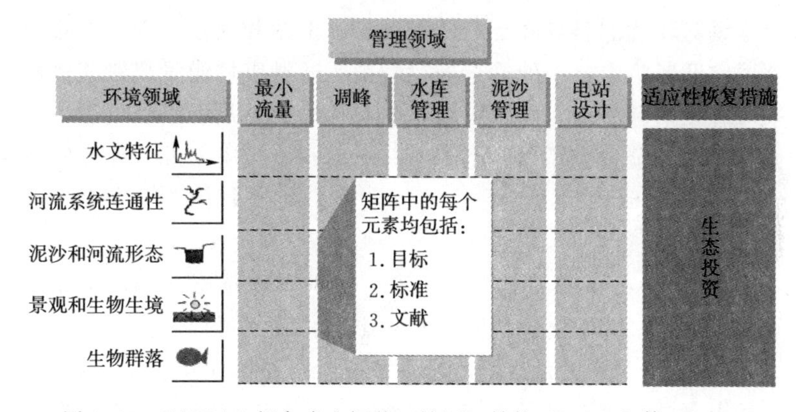


图 1.11 EAWAG 绿色水电评价（认证）结构（Bratrich 等，2001）

环境管理矩阵表示每一个方面的生态环境目标都可以通过采取相应的管理措施来实现，或者说，每一项管理措施都或多或少地可以为某一方面的生态环境目标作贡献。对于具体水电站而言，如果要通过绿色水电评价（认证），首先要对其本身造成的生态环境问题进行分析，通过综合实施这五个方面的管理措施，将其对生态环境造成的负面影响降至最低程度。

通过绿色水电评价（认证）的水电站，根据每个电站的具体情况，可以将电价上浮一个固定的价格，如 0.01 瑞士法郎/(kW·h) 或 0.006 欧元/(kW·h)，以“绿色电力”的方式对外销售。电价上浮部分用于生态投资，每年强制用于河流生态修复，不允许挪为他用。

#### 1.3.1.3 评述

通过15年的实施，绿色水电认证制度对合理认识水电的清洁可再生能源地位、推动绿色电力供应、减缓水电生态环境影响、保护流域生态环境等方面起到了积极的促进作用。绿色水电评价（认证）制度产生过程中有关各方的冲突、博弈、协商与合作，对于中国未来运行期水电及其他可再生能源管理制度的设立，包括中国绿色水电及可持续水电等，都具有借鉴意义。

### 1.3.2 低影响水电

#### 1.3.2.1 认证制度和主要认证内容

美国低影响水电研究所（Low Impact Hydropower Institute，LIHI）在2000年提出了低影响水电认证制度，旨在帮助和奖励通过采取措施将对环境的影响降至最低程度的水电站和大坝，使其在市场上能够以“低影响水电”的标志进行营销，通过市场激励机制来鼓励业主采取有效措施减少水电站大坝对生态环境的不利影响。低影响水电认证是对联邦能源监管委员会（Federal Energy Regulating Commission，FERC）颁发水电项目许可证制度的补充，而不是替代FERC的许可证制度。

LIHI认为，小型水电工程并不一定没有严重影响，而大型水电工程如果通过最大限度地消除其不利影响，反而可以发出更多清洁的电力。因此，LIHI的低影响水电认证标准不是基于电站的装机规模，而是基于水电工程对环境的实际影响。LIHI从如下8个方面提出了“低影响水电”应满足的条件：①生态流量过程；②水质；③鱼道和鱼类保护；④流域保护；⑤濒危物种保护；⑥文化资源保护；⑦公共娱乐功能；⑧大坝拆除建议。

#### 1.3.2.2 《低影响水电认证手册（第二版）》

2006年年初，LIHI开始着手《低影响水电认证手册》的修订工作。2014年10月，在西雅图召开的LIHI年会批准了修订后的标准。2016年3月，LIHI发布了《低影响水电认证手册（第二版）》。

LIHI修订其认证手册的主要驱动力包括：①LIHI章程要求研究所每年进行一次评估，以确保认证工作达到预期目标。②除了2009年对流域保护标准进行了少量修改外，LIHI对2000年提出的认证方

法没有进行实质性改变。③由于可再生能源与气候变化和温室气体减排行动密切相关，原有认证标准需根据最新的环境科学、技术和政策标准实时更新。④水电站环境管理理念和监管要求发生变化，随着适应性管理和新技术应用，认证标准需要随之更新。⑤消费者对生态标签的接受程度日益提高。

在《低影响水电认证手册（第二版）》中，基本认证方法没有发生改变，指标、目标和标准三者格局与原有版本类似，主要的修改包括：

（1）原手册“低影响水电”应满足的8个条件中，前7个条件不变；最后一个条件“大坝拆除建议”不再作为认证合格的必须条件。

（2）在原有固定标准基础上，增设了每个指标可满足认证目标的替代标准（表1.3）。

**表1.3　　替代标准模板**

设备名称：________　　影响区域：________

| 指标 | 条件 | 替代标准 | | | | |
|---|---|---|---|---|---|---|
| | | 1 | 2 | 3 | 4 | 加分 |
| A | 生态流量过程 | | | | | |
| B | 水质 | | | | | |
| C | 上游鱼道与鱼类保护 | | | | | |
| D | 下游鱼道与鱼类保护 | | | | | |
| E | 流域保护 | | | | | |
| F | 濒危物种保护 | | | | | |
| G | 文化资源保护 | | | | | |
| H | 公共娱乐功能 | | | | | |

（3）在原手册仅需比对是否采用权威机构要求基础上，强调这些权威机构所提建议要求和减缓措施的科学基础。

（4）第二版手册中调查问卷采用矩阵清单和支持文件形式，并增列了一系列替代标准，确保申请者可通过更多的方式实现每个指标对应的认证目标。此外，每个指标的第一个标准都是“无影响”，或者“无适用标准”。每个指标都增加了一个加分标准（表1.4），通过这个加分标准可奖励申请者最长为期10年的延长认证年限，相应增加的收入用于环保投入。

表 1.4　　　加 分 标 准

| 指标 | 说　明 |
| --- | --- |
| A | ● 如果采用了适应性管理，请提供支持信息<br>● 如果采用了非流量改善栖息地方法，请做具体说明，并说明其对鱼类和野生生物资源的正面净效益，及效果监测方法 |
| B | ● 请列出所有为改善水质采取的先进技术，并且说明如何监测其效果<br>● 如果采用了适应性管理，请说明管理目标和相应的监测评估计划，并说明针对监测结果将采取的管理措施 |
| C | ● 如果已采用或即将采用先进技术，请说明其如何保证鱼类更加顺利的通过<br>● 如果推行流域重建方案，请说明如何提升洄游鱼类丰富度和可持续发展<br>● 如果采用了适应性管理，请说明管理目标及相应的监测评估计划，并说明针对监测结果将采取的管理措施 |
| D | ● 如果已采用或即将采用改进技术，请说明其如何保证鱼类更加顺利的通过<br>● 如果推行流域重建方案，请说明如何提升洄游鱼类丰富度和可持续发展<br>● 如果采用了适应性管理，请说明管理目标及相应的监测评估计划，并说明针对监测结果将采取的管理措施 |
| E | ● 请提供证明文件，说明已采取了正式保护计划，确保水库或者河道附近50%以上的缓冲区或者未开发区域得到保护<br>● 替代保护计划，请提供证明文件，说明已建立流域基金用于生态用地改善，并可实现50%以上缓冲区或者未开发区域得到保护 |
| F | ● 请说明任何强制协议，用于保护珍稀和濒危物种<br>● 请说明所有强制协议，相关机构采取有效措施减少对物种的影响<br>● 请描述所有强制协议，相关机构已参与物种恢复 |
| G | ● 请提供工程所有实质性的许诺证明，在库周区域恢复文化和历史资源，并超过现有的计划要求，如历史资源管理计划<br>● 请证明工程创造的新的关于文化和历史资源的教育机会，包括合同义务，保证对于LIHI认证的教育机会长期存在 |
| H | ● 请证明除相关机构要求外，库周水域内产生新的公众娱乐机会（露营地，白水公园，划船设施和步道）<br>● 请证明新产生的娱乐机会没有对其他资源产生显著影响 |

（5）第二版手册中，原始调查问卷由三部分组成：工程概况、每

个指标满足的认证目标、每个选定标准的支持信息。每个工程增加了一个"影响区域"选项，按空间分布分解 LIHI 认证标准，可更有效评价工程的全生命周期环境影响。

#### 1.3.2.3 评述

《低影响水电认证手册》识别了运行阶段水电站生态环境保护需要关注的内容和遵循的原则。《低影响水电认证手册（第二版）》反映了美国社会在气候变化和减排压力增大背景下，对可再生能源的倾向性。换而言之，与最初版本相比，第二版采用更为宽松的低影响水电标准。同时，纵观"生态流量过程""水质""上游鱼道和鱼类保护""下游鱼道和鱼类保护""流域保护""濒危物种保护""文化资源保护""公共娱乐功能"8 个方面的加分标准，以适应性管理和新技术应用为主，并允许采用传统环境保护措施以外的其他减缓措施，仅需提供相应减缓效果说明及其监测方法。这些认证标准的改变，均说明美国环保领域对已实施适应性管理和采用环境保护新技术的水电站的认可。

### 1.3.3 水电可持续性评估规范

#### 1.3.3.1 背景

世界水坝委员会（World Commission on Dams，WCD）于 2000 年发表了《大坝与发展——新的决策框架》的研究报告。该报告对大坝的作用总体上进行了肯定，但是在具体问题上特别强调了水坝的负面作用，并主张维持河流的可持续性和自然特性。这份报告问世后，世界上的一些组织、团体或个人将报告中对个案的评论当作国际社会的普遍认同，并因此形成反对水坝的舆论。

一些国际组织和许多国家的大坝委员会都对 WCD 的报告迅速做出了回应，总的倾向是不赞同这份报告的基调。国际大坝委员会（International Commission on Large Dams，ICOLD）认为，WCD 报告对大坝效益的评论失衡且缺乏足够的解释，导致反坝群体阻挠工程建设，这对发展中国家是致命的；而且 WCD 建议的项目评价方法过于繁琐，对投资是一个巨大的阻力，亟须简化。印度、加拿大、中国等国家的大坝委员会更是对报告中的根本性偏见进行了有力的批评。

为了解决 WCD 报告存在的问题，消除其对世界范围内水电开发的不利影响，并从根本上推动水能资源的可持续利用，国际水电协会

(International Hydropower Association，IHA）从2000年开始着手开展水电可持续发展的推动工作，并组织专家制定水电可持续发展的指导性方案。2004年和2006年，IHA先后发布了《水电可持续性指南》（*Hydropower Sustainability Guideline*）和《水电可持续性评估规范》（*Hydropower Sustainability Assessment Protocol*）。经过多次修改完善，2010年11月，评估规范形成了最终版本，2011年6月在巴西正式发布，2011年10月在北京发布了中文版，旨在全面衡量水电工程的可持续水平，指导水电行业和水电企业管理，推进国际水电可持续开发进程。

**1.3.3.2　评估内容**

《水电可持续性指南》确定了水电可持续发展过程中需要充分考虑的基本原则和内容，包括八部分内容：概述和宗旨、IHA的方针、政府作用、决策过程、水电可持续性的环境问题、水电可持续性的社会问题、水电可持续性的经济问题、IHA会议对可持续性的承诺。

《水电可持续性评估规范》提出了实现水电可持续发展的具体方法，是对《水电可持续性指南》的技术支持，包括七部分内容：IHA对可持续性的共识、可持续性评价规范的运用、可持续性系统管理方法、常用术语的解释、新的能源方案、新建水电项目评价、水电站运行评价。

《水电可持续性评估规范》包括四个阶段，分别为前期阶段、准备阶段、实施阶段和运行阶段，这四个部分分别对应着水电规划、设计、施工和运行四个阶段。每个部分都包含数目不等的主题，这些主题即为具体的评价内容。

第一部分规划阶段，主要评估水电工程开发的必要性、可行性以及相关的风险，主要考虑能源、水资源和区域发展对水电开发的需要，对各种能源形式和开发方案进行比选，并且分析国家和地区政策对水电开发的影响以及主要风险问题。通过第一部分的评估，可以确定某项水电工程是否可以立项。

第二部分设计阶段，主要评估工程设计和咨询工作的全面性和有效性，这些工作涵盖了水电工程技术、经济、环境和社会问题的主要方面。通过第二部分的评估，可以确定水电工程是否可以开始建设。

第三部分施工阶段，主要评估工程建设过程中建设、移民、环境

和管理计划的执行情况。这一部分更加关注各项计划的执行情况，并且包含了一些工程建设阶段特有的内容。

第四部分运行阶段，主要评估工程运行过程中的经济、环境和社会问题。由于工程已经建成运行，因此第四部分更加关注水电工程在运行过程中表现出来的实际效果。

#### 1.3.3.3 评估过程

《水电可持续性评估规范》的评价方法，其核心是基于现场调研和资料分析的专家评分，评价流程见图 1.12。具体说明如下：

（1）通过初步分析，根据项目所处生命周期（规划/设计/施工/运行），选择相应阶段的评估工具。

（2）对评估项目涉及的评价主题进行评分。评估规范中的每个主题都由主题说明、评分方法和评价指南三部分组成，以指导具体的评估工作。评价规范采用 5 分制进行评分，1 分为最差，5 分为最好，3 分表示基本良好。评分一般从评价、管理、利益相关者参与、利益相

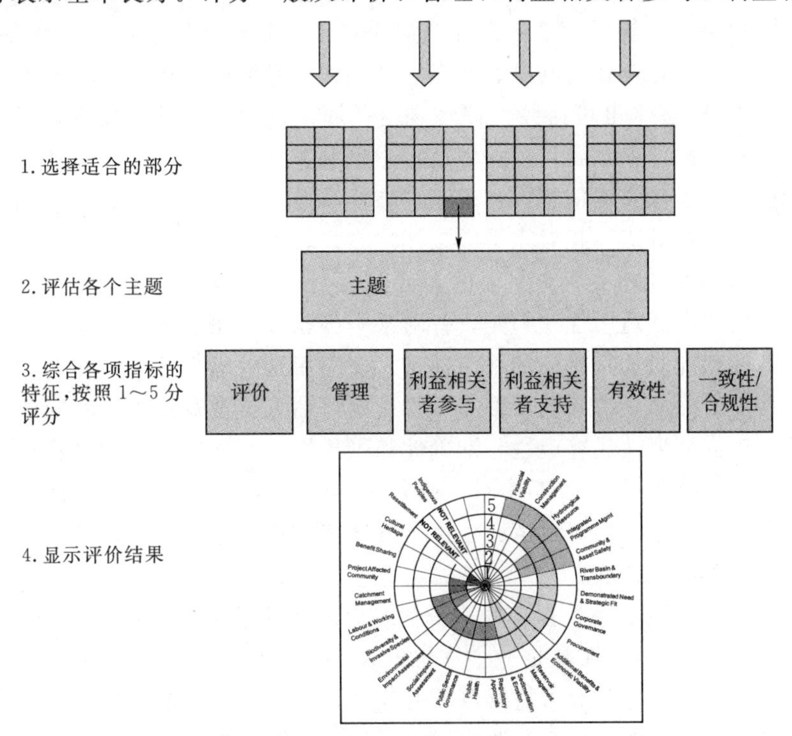


图 1.12 《水电可持续性评估规范》评估流程图

关者支持、有效性、一致性/合规性六个方面进行，评分方法列出了每个级别得分需要满足的条件。

（3）深入开展现场调研、资料分析和采访，依据广泛的调查资料（包括文件、报告、数据、访谈等），全面考虑各项指标特征，对评价主题评分进行核实，给出最终分值。

（4）以直观的方式显示评估结果。将每个主题的得分以雷达图的形式展现，这种显示方法类似于木桶短板理论，有利于不同评价主题之间进行直接比较，识别出优势和不足之处，从而对水电开发提出的改进建议更有指示性和直观性。针对评估结果，特别是分值较低的主题进行分析、讨论。

#### 1.3.3.4　评述

《水电可持续性评估规范》作为水电行业框架性指导文件，概况了影响水电可持续发展的基本内容，对水电可持续评估主题进行了具体的描述，为水电可持续评估提供了基本框架和评估原则。该规范可用于指导水电规划、工程设计及建设、工程管理各阶段的全面评估，识别水电工程存在的问题、改善管理工作，并促进国际间沟通交流。

但是，《水电可持续性评估规范》属于框架性文件，仅规定了水电可持续性评估主题，即评估过程中需要关注的内容，而非具体评估指标；由于缺失评估指标，现有评估标准难以落实到具体指标，而是统一采用各等级间相对水平的描述性方式。例如，“1分”的评估标准为“与基本良好实践有显著的差异”。这种评估标准的优点在于全球范围内的广泛适用性。但是，针对某一国家或某个流域，由于缺乏评估指标和针对这一指标的评估标准，仅应用这种框架性评估主题和描述性评估标准，将导致评估工作易受到评估人员主观认识和判断的影响，评估结果缺乏客观性、准确性和可比性。不同国家或地区在进行水电可持续发展评估工作时，亟须根据《水电可持续性评估规范》，结合本国（地区）实际情况，提出具体评估指标、相应的评估标准和指标体系量化方法。

2011年《自然》杂志发表评论，介绍并评述了《水电可持续性评估规范》，认为该规范是一个水电开发和运行的可持续性评框架，实现了对一个水电项目可持续概况的描述，对于在世界范围内综合认识水电的地位和作用、在行业内树立可持续发展理念，推动全球水电可持续评估工作等方面取得了进步。但是，《水电可持续性评估规范》

还没有达到完美的程度，主要弱点在于：缺乏具体评估指标、相应阈值标准和后期管理支持，仅指出了问题，没有给出相应的答案；仅针对选址已定的单一电站开展评估，没有从整个流域尺度综合考虑电站选址问题，并提出流域层面减缓措施（Week Editorial，2011）。

### 1.3.4 中国的探索和实践

国家能源局、水利部、环境保护部高度重视运行期水电站的运行管理，先后启动了中国水电可持续发展、绿色水电、绿色小水电的科研和试点工作。

2012 年 7 月，环保部绿色水电认证课题启动会在贵阳召开。2012 年 6 月，水利部水电局明确提出“要积极推动绿色水电评价”，组织国家水电中心和国际小水电中心正式启动了中国“绿色水电”评价试点工作。2015 年 7 月，水利部发布了《绿色小水电评价标准（征求意见稿）》，规定了绿色小水电评价的基本条件、评价内容和评价方法，适用于单站装机容量 50MW 及以下以发电为主，已投产运行三年及以上的小型水电站，不包括抽水蓄能电站。

2010 年以来，在国家能源局的倡导下，国家水电可持续发展研究中心将《水电可持续性评估规范》引入中国，完成了澜沧江景洪和糯扎渡水电站的可持续性评估工作，并首次开展了乌江梯级水电站可持续发展研究及总结工作，初步提出中国水电可持续评价技术方法。

## 1.4 中国水电可持续发展研究概述

### 1.4.1 背景及意义

在全球气候变化要求减少温室气体排放的大背景下，加快开发利用丰富的水能资源是有效增加清洁能源供应、优化能源结构、保障能源安全、应对气候变化、实现非化石能源发展目标和可持续发展的重要措施。水电是技术成熟、运行灵活的清洁低碳可再生能源，是国民经济发展重要的基础设施，具有防洪、供水、航运、灌溉等综合利用功能，在应对气候变化等方面发挥着重要作用，经济、社会、生态效益显著。

我国水电开发与欧美等经济发达国家相比晚了近 50 年。根据最新统计，我国水能资源可开发装机容量约 6.6 亿 kW，年可发电量约

3万亿kW·h，在常规能源资源剩余可开采总量中仅次于煤炭，是当前全球剩余水能开发潜力最大的国家。经过多年发展，截至2016年年底我国水电装机容量和年发电量已达到3.32亿kW和1.18万亿kW·h，分别占全国的19.7%和20.1%。从欧美发达国家水电开发历程和经验可以看出，我国正在经历发达国家曾经的水电开发高速发展阶段。未来的10～20年将是我国水电发展的宝贵机遇期，优先发展水电将是今后一个时期内我国能源建设的重要方针。为此，《水电发展“十三五”规划（2016—2020年）》明确提出，“把发展水电作为能源供给侧结构性改革、确保能源安全、促进贫困地区发展和生态文明建设的重要战略举措，加快构建清洁低碳、安全高效的现代能源体系，在保护好生态环境、妥善安置移民的前提下，积极稳妥发展水电，科学有序开发大型水电，严格控制中小水电，加快建设抽水蓄能电站。”“2020年水电总装机容量达到3.8亿kW，其中常规水电3.4亿kW，抽水蓄能4000万kW，年发电量1.25万亿kW·h……在非化石能源消费中的比重保持在50%以上”。

我国水能资源具有明显的区域分布特点，独特的水能源资源禀赋也决定了对水电梯级开发具有较强的依赖性。《水电发展“十三五”规划（2016—2020年）》明确要求，2020年“基本建成长江上游、黄河上游、乌江、南盘江红水河、雅砻江、大渡河六大水电基地，总规模超过1亿kW”。水电可持续发展面向梯级水电站和单一水电站，关注水电综合效益的最大化，可作为行业主管部门的管理工具。

开展水电可持续评价是全面认识和评价我国能源体系中水电能源地位和作用的重要手段，也是破解水电建设项目生态及移民瓶颈的重要依据，对于促进和实现国家能源战略、加强水电行业管理、促进水电事业的又好又快发展具有重要意义，同时也是贯彻落实党的十八大和十八届三中全会精神、满足生态文明建设战略目标的需要。亟须借鉴国际经验，建立与国际接轨的中国水电可持续评价理论、技术方法、标准体系，服务于我国水电行业管理与决策。

### 1.4.2 研究内容及方法

#### 1.4.2.1 中国水电可持续评价理论及方法研究

借鉴国际水电可持续发展相关规范、科技文献及最新研究成果，

针对流域特征和水电行业开发及管理特点，提出符合我国国情、具有可操作性的中国水电可持续评价理论、评价框架、评价指标及标准、计量方法。

#### 1.4.2.2 水电可持续发展专项评价

(1) 管理可持续评价。以管理学理论为指导，开展流域水电梯级开发管理体制、管理模式及管理体系分析，梳理提炼水电建设管理模式、企业经营管理模式、水电运行调度模式，综合分析管理模式创新、管控模式创新、人才机制创新等管理措施的实施对企业管理水平和经营管理效益的影响。

(2) 社会经济可持续评价。分析水电开发带来的社会影响与社会效益，包括：社会发展水平和结构调整，防洪效果及减灾效益、航运效益等综合利用效益，居民收入和消费水平，区域基础设施、区域就业水平和就业结构优化等。

梳理水电站移民安置工作过程，包括安置理念、移民组织机构演变历程、移民安置机构及其职能，以及阶段性移民政策法规及补偿标准演变，移民安置规划及安置方式、移民安置投入概算和资金管理办法。从移民生产生活条件及水平、安置区基础设施、就业水平和结构、受教育水平、医疗条件等角度，综合开展移民安置效果评估。

应用规模经济理论、自然垄断理论、内部化理论、博弈论、机制设计理论、范围经济理论、垄断产品规制理论和计量经济学模型，定量评价水电开发对沿江县域经济发展水平、产业结构和空间布局、重点相关行业、地方财政收入及人均生活水平的带动作用。

(3) 环境可持续评价。梳理流域生态保护对象和敏感生态目标，从水沙情势、水生生物、河道形态、岸边湿地、环境敏感区域、河岸带等方面，分析水电站特别是梯级水电站群对流域生态系统的影响。应用生态系统服务及其价值量评估方法，核算水电站及梯级水电站群的生态效益。分析运行期环境保护措施的运行与效果。

#### 1.4.2.3 案例研究

选取乌江流域作为案例研究区域，应用构建的中国水电可持续评价理论及技术方法，开展乌江梯级水电站可持续评价案例研究，评判方法的适用性，并提出提高乌江梯级水电站群可持续水平的政策性建议。

### 1.4.3　技术路线

技术路线见图 1.13。

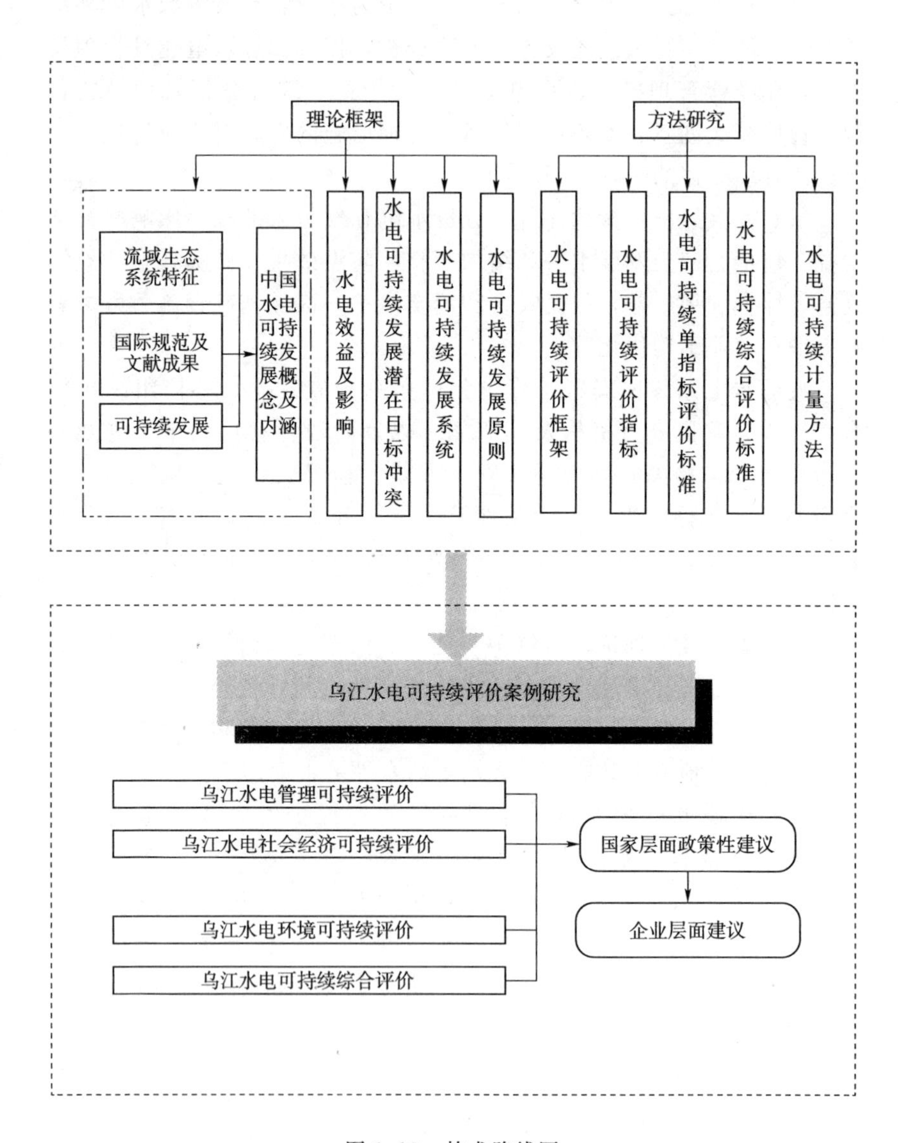


图 1.13　技术路线图

# 参考文献


[1] 牛文元. 可持续发展理论内涵的三元素 [J]. 中国科学院院刊，2014，29 (4)：410-415.

[2] 中国能源发展报告委员会. 中国能源研究报告：区域篇 [M]. 北京：中国统计出版社，2006.

[3] Abouelnaga A E，Metwally A，Aly N，et al. Assessment of nuclear energy sustainability index using fuzzy logic [J]. Nuclear Engineering & Design，2010，240 (7)：1928-1933.

[4] Anastas P T. Fundamental changes to EPA's research enterprise：the path forward [J]. Environmental Science & Technology，2012，46 (2)：580-586.

[5] Bettencourt L M A，Kaur J. Evolution and structure of sustainability science [J]. Proceedings of the National Academy of Sciences of the United States of America，2011，108 (49)：19540-19545.

[6] Bird L，Wüstenhagen R，Aabakken J. Green Power Marketing Abroad：Recent Experience and Trends [J]. Energy Planning Policy & Economy，2002.

[7] Boyd R，Stern N，Ward B. What will global annual emissions of greenhouse gases be in 2030，and will they be consistent with avoiding global warming of more than 2℃? [J]. 2015.

[8] Bratrich，C.，B. Truffer. Green Electricity certification for Green Hydropower plants [EB/OL]. [2001-06-08]. http：//www.oekostrom.eawag.ch/veroeffentlichungen/Issue_7_English.pdf.

[9] Bratrich C.，Truffer B.，Jorde K.，Markard J.，Meier W.，Peter A.，Schneider M.，Wehrli B. Green hydropower：A new assessment procedure for river management [J]. River Research and Applications，2004，20：865-882.

[10] Briggs D，Corvalan C，Nurminen M，et al. Linkage methods for environment and health analysis. Technical guidelines [J]. World Health Stat Q，1996.

[11] Cash D，Clark W C，Alcock F，et al. Salience，Credibility，Legitimacy and Boundaries：Linking Research，Assessment and Decision Making [J]. Social Science Electronic Publishing，2002.

[12] Cash D. W.，W. C. Clark，F. Alcock，N. M. Dickson，N. Eckley，D. H. Guston，J. Jäger，and R. B. Mitchell. Knowledge systems for sustainable

development [J]. Proc. Natl. Acad. Sci. U. S. A. 2003, 100 (14): 8086 - 8091.

[13] Chang X L, Liu X H, Zhou W, et al. Hydropower in China at present and its further development. [J]. Energy, 2010, 35 (11): 4400 - 4406.

[14] Clark W C, Dickson N M. Sustainability Science: The Emerging Research Program [J]. Proceedings of the National Academy of Sciences of the United States of America, 2003, 100 (14): 8059.

[15] Clark W C. Sustainability science: a room of its own [J]. Proceedings of the National Academy of Sciences of the United States of America, 2007, 104 (6): 1737 - 1738.

[16] Corvalán C F, Kjellström T, Smith K R. Health, environment and sustainable development: identifying links and indicators to promote action. [J]. Epidemiology, 1999, 10 (5): 656 - 660.

[17] Daly H. E. Beyond Growth: the economics of sustainable development [M]. Beacon Press, 1997.

[18] Daly H E. Toward a steady-state economy [M]. Toward a steady-state economy /. W. H. Freeman, 1973: 945 - 954.

[19] de Vries, B. J. M. 2012. Sustainability Science [M]. Cambridge: Cambridge University Press.

[20] Doukas H, Papadopoulou A, Savvakis N, et al. Assessing energy sustainability of rural communities using Principal Component Analysis [J]. Renewable & Sustainable Energy Reviews, 2012, 16 (4): 1949 - 1957.

[21] Erdogdu E. An analysis of Turkish hydropower policy [J]. Renewable & Sustainable Energy Reviews, 2011, 15 (1): 689 - 696.

[22] European Commission, Eurostat, and THEME 8 Environment and Energy. Towards environmental pressure indicators for the EU [EB/OL]. 1999. http: //esl. jrc. it/envind/tepi99rp. pdf.

[23] Evans A, Strezov V, Evans T J. Assessment of sustainability indicators for renewable energy technologies [J]. Renewable & Sustainable Energy Reviews, 2009, 13 (5): 1082 - 1088.

[24] Fiksel J. , Eason T. , Frederickson H. A framework for sustainability indicators at EPA [EB/OL]. [2012 - 10 - 08]. https: //www. epa. gov/sites/production/files/2014 - 10/documents/framework-for-sustainability-indicators-at-epa. pdf.

[25] Gallagher J, Harris I M, Packwood A J, et al. A strategic assessment of micro-hydropower in the UK and Irish water industry: Identifying technical

and economic constraints [J]. Renewable Energy, 2015, 81: 808 - 815.

[26] Gustavson K R, Lonergan S C, Ruitenbeek H J. Selection and modeling of sustainable development indicators: a case study of the Fraser River Basin, British Columbia [J]. Ecological Economics, 1999, 28 (1): 117 - 132. http: //dx. doi. org/10. 1016/S0921 - 8009 (98) 00032 - 9.

[27] Hamdouch, A. , and B. Zuindeau. Sustainable development, 20 years on: Methodological innovations, practices and open issues [J]. J. Environ. Plan. Manage. 2010, 53 (4): 427 - 438.

[28] International C. The global bioenergy partnership sustainability indicators for bioenergy. [J]. Global Bioenergy Partnership Sustainability Indicators for Bioenergy, 2011.

[29] International Energy Agency (IEA). Decoupling of global emissions and economic growth confirmed [EB/OL]. [2016 - 03 - 16]. https: //www. iea. org/newsroom/news/2016/march/decoupling-of-global-emissions-and-economic-growth-confirmed. html

[30] International Energy Agency, Energy Research Institute. China Wind Energy Development Roadmap 2050 [J]. 2011.

[31] International Hydropower Association (IHA). Hydropower sustainability assessment protocol [EB/OL]. [2011 - 12 - 08]. http: //www. hydrosustainability. org/ Protocol. aspx.

[32] International Renewable Energy Agency (IRENA). Renewable capacity statistics 2016 [EB/OL]. [2016 - 04 - 01]. http: //indiaenvironmentportal. org. in/content/ 427222/renewable-capacity-statistics - 2016/.

[33] Jerneck A, Olsson L, Ness B, Anderberg S, Baier M, Clark E, Hickler T, Hornborg A, Kronsell A, Lovbrand E, Persson J. Structuring sustainability science [J]. Sustainability Science, 2011, 6 (1): 69 - 82.

[34] Kahraman C. , Kaya I. A fuzzy multicriteria methodology for selection among energy alternatives [J]. Expert Systems with Applications, 2010, 37: 6270 - 6281.

[35] Kajikawa Y, Tacoa F, Yamaguchi K. Sustainability science: the changing landscape of sustainability research [J]. Sustainability Science, 2014, 9 (4): 431 - 438.

[36] Kates R W, Clark W C, Corell R, Hall J M, Jaeger C C, Lowe I, Mc Carthy J J, Schellnhuber H J, Bolin B, Dickson N M, Faucheux S, Gallopin G C, Grubler A, Huntley B, Jager J, Jodha N S, Kasperson R E, Mabogunje A, Matson P, Mooney H, Moore B, ORiordan T, Svedin U. Environment and development sustainability science [J]. Science, 2001, 292 (5517): 641 - 642.

[37] Kjellström T, Corvalán C. Framework for the development of environmental health indicators. [J]. World Health Statistics Quarterly Rapport Trimestriel De Statistiques Sanitaires Mondiales, 1995, 48 (2): 144 - 154.

[38] Komiyama, H., K. Takeuchi, H. Shiroyama, and T. Mino, eds. Sustainability Science: A Multidisciplinary Approach [M]. Tokyo: UN University Press, 2011.

[39] Komorita S. S., Parks C. D. Interpersonal relations: Mixed-motive interaction [J]. Annual Review of Psychology, 1995, 46 (1): 183 - 207.

[40] Liu J, Zuo J, Sun Z, et al. Sustainability in hydropower development—A case study [J]. Renewable & Sustainable Energy Reviews, 2013, 19 (1): 230 - 237.

[41] Mathews J A, Tan H. Energy: China leads the way on renewables. [J]. Nature, 2014, 508 (7496): 319.

[42] Miller, T. R. Constructing sustainability science: Emerging perspectives and research trajectories [J]. Sustain. Sci. 2013, 8 (2): 279 - 293.

[43] Miller, T. R., A. Wiek, D. Sarewitz, J. Robinson, L. Olsson, D. Kriebel, and D. Loorbach. The future of sustainability science: A solutions-oriented research agenda [J]. Sustain. Sci. 2014, 9 (2): 239 - 246.

[44] Mora E. F. De, Torres C., Valero A. Assessment of biodiesel energy sustainability using the energy return on investment concept [J]. Energy, 2012, 45 (1): 474 - 480.

[45] Musango J. K., Brent A. C., Amigun B., Pretorius L. Muller H. A system dynamics approach to technology sustainability assessment: The case of biodiesel developments in South Africa [J]. Technovation, 2012, 32: 639 - 651.

[46] National Research Council of the National Academy. Sustainability Concepts in Decision-Making: Tools and Approaches for the US Environmental Protection Agency [EB/OL]. [2014 - 09 - 08]. http: //dels. nas. edu/resources/static-assets/materials-based-on-reports/reports-in-brief/Sustainability-in-Decision-Making-brief-final2. pdf.

[47] Ness B. Sustainability Science: Progress Made and Directions Forward [J]. Challenges in Sustainability, 2013, 1 (1): 27 - 28.

[48] NEPA 1969. National Environmental Policy Act (42 U. S. C. § 4331a).

[49] NRC (National Research Council). Our Common Journey: A Transition toward Sustainability [M]. Washington D. C: National Academies Press, 1999.

[50] NRC. Sustainability and the U. S. EPA [M]. Washington D. C: The National Academies Press, 2011.

[51] NRC (National Research Council). Linking Knowledge with Action for Sustainable Development: The Role of Program Management-Summary of a Workshop [M]. Washington D. C: National Academies Press, 2006.

[52] Unat N, Bayar H. The sustainability indicators of power production systems [J]. Renewable & Sustainable Energy Reviews, 2010 (14): 3108 - 3115.

[53] Serageldin I. Sustainability as Opportunity and the Problem of Social Capital [J]. Brown J. world Aff, 1996, Ⅲ (2): 187 - 203. http: //heinonline. org/HOL/Page? handle = hein. journals/brownjwa3&div = 73&g _ sent=1&collectio n=journals.

[54] Soubbotina T P. Beyond Economic Growth : An Introduction to Sustainable Development, Second Edition [J]. World Bank Publications, 2004: 1 - 212.

[55] Spangenberg J H. Sustainability science: A review, an analysis and some empirical lessons [J]. Environmental Conservation, 2011, 38 (3): 275 -287.

[56] Stéphane Genoud, Jean Baptiste Lesourd. Characterization of Sustainable Development Indicators for Various Power Generation Technologies [J]. International Journal of Green Energy, 2009, 6 (3): 257 - 267.

[57] Stern N. Growth, climate and collaboration: towards agreement in Paris 2015 [J]. 2014.

[58] Supriyasilpt, Pongput K, Boonyasirikul T. Hydropower development priority using MCDM method [J]. Energy Policy, 2009, 37: 1866 - 1875.

[59] The World Commission on Dams. Dams and development: A new framework for decision-making [M]. Earthscan Publications Ltd, UK and USA. 2000.

[60] Truffer B. , Bratrich C. , Markard J. , Peter A. , Wuest A. , Wehrli B. Green hydropower: The contribution of aquatic science research to the promotion of sustainable electricity [J]. Aquatic Science, 2003, 65: 99 - 110.

[61] UNEP. The Emissions Gap Report 2014 [J]. United Nations Environment Programme, 2014.

[62] United Nations Development Programme. Human Development Report [M]. New York: Oxford University Press, 1999.

[63] UNFCCC, INDCs as communicated by Parties (UNFCCC, Bonn, Germany, 2015), http: //bit. ly/INDC - UNFCCC.

[64] U. S. Environmental Protection Agency (USEPA). Sustainability analytics:

assessment tools and approaches [EB/OL]. [2013 - 03 - 07]. https: //permanent. access. gpo. gov/websites/epagov/www. epa. gov/sustainability/analytics/docs/sustainability - analytics. pdf.

[65] Varun, Prakash R, Bhat I K. A figure of merit for evaluating sustainability of renewable energy systems [J]. Renewable & Sustainable Energy Reviews, 2010, 14 (6): 1640 - 1643.

[66] Vincent S. , S. Bunn, L . Sloane. 2013. Interdisciplinary Environmental andSustainability Education on the Nation's Campuses 2012: Curriculum Design. Washington, DC: National Council for Science and the Environment [EB/OL]. [2014 - 04 - 16]. http: //ncseonline. org/2013 - interdisciplinary-environmental-and-sustainability-educationnations-campuses - 2012 - curriculum-d

[67] VUE. Certification Guidelines: conditions and criteria (Version 2. 6). 2016

[68] Wang J. J. , Jing Y. Y. , Zhang C. F. Review on multi—criteria decision analysis aid in sustainable energy decision-making [J]. Renewable & Sustainable Energy Reviews, 2009, 37: 2263 - 2278.

[69] Week Editorial. Damned if they do [J]. Nature, 2011, 474: 420.

[70] Wei M, Patadia S, Kammen DM. Putting renewables and energy efficiency to work: how many jobs can the clean energy industry generate in the US? [J]. Energy Policy, 2010, 38: 919 - 931.

[71] Weinstein, M. P. , and R. E. Turner. Sustainability Science: The Emerging Paradigm and the Urban Environment [M]. New York: Springer, 2012.

[72] Wiek, A. , F. Farioli, K. Fukushi, and M. Yarime. Sustainability science: Bridging the gap between science and society [J]. Sustain. Sci, 2012, 7 (suppl. 1): 1 - 4.

[73] Wiser R H. Public goods and private interests: understanding non—residential demand for green power [J]. Energy Policy, 2001, 43 (4): 292 - 292.

[74] World Commission on Environment and Development, Our Common Future [M]. New York: Oxford University Press, 1987.

[75] Zhao F, Ming X, Wong M H G, et al. Improving the environmental Kuznets curve for evaluating the relationships between carbon dioxide emissions and economic development [J]. Journal of Food Agriculture & Environment, 2013, 11 (2): 1193 - 1199.

# 第2章　中国水电可持续评价理论框架

## 2.1　水电的效益及影响

### 2.1.1　流域生态系统组成

流域生态系统是指某一特定流域的人口、资源、环境、经济及社会子系统，在物质、信息和能量的流通与交换过程中，通过相互作用、相互影响、相互依存、相互制约而形成的具有一定结构和功能的复合系统。因此，流域生态学中认为流域生态系统是一个社会、经济、自然复合生态系统（马世骏等，1984），进一步划分为自然生态子系统、经济子系统和社会子系统三大部分（图2.1）。

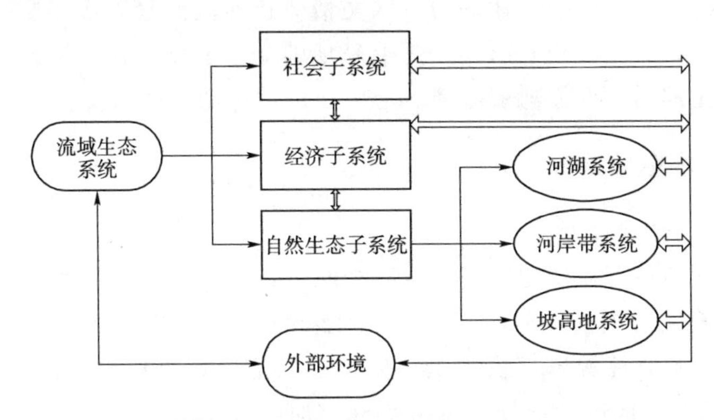


图2.1　流域生态系统组成示意图

流域生态系统具有一定的边界和外部环境。流域内包含人口、环境、资源、物资、资金、科技、政策和决策等基本要素，各要素在时间和空间上，以社会需求为动力，以流域可持续发展为目标，通过投入产出链渠道，运用科学技术手段有机组合在一起。同时，流域内各要素与外部环境之间，流域与流域之间在不断地进行着物质、能量、信息之间的交换及资金、人员之间的交流，构成了一个开放系统，并不断经历着发展与变化。在这个复杂系统中，自然生态子系统是基础，经济子系统是命脉，社会子系统是中心。

针对流域内的自然子系统，即自然生态系统，又分为河流生态系统、河岸带生态系统和坡高地生态系统。其中，河流生态系统是流域中的狭长网络状系统，包括河流的干流及其各级支流，以及与河流连通的湖泊、水库、湿地等，它是流域中的廊道系统，起着连通流域内各生态系统的作用。河流生态系统是一个复杂、开放、动态、非平衡及非线性系统，始终处于动态变化过程中。河流主要生态过程包括水文过程、物理化学过程、地貌过程和生物过程，其中，水文过程作为河流生境条件的重要组成部分，对其他生境过程起主导作用。

河流生态系统由生物和生境两部分组成，生物是河流的生命系统，生境是河流的生命支持系统。按照生物在河流生态系统的作用和功能可以分为生产者、消费者和分解者。河流生态系统中的生产者主要有浮游植物、藻类和大型水生植物；消费者包括浮游动物、底栖动物、鱼类等；分解者包括细菌、真菌等。河流生境主要包括能量、气候、水文情势、水质、河流地貌和流态，其中，水文情势和河流地貌是河流生态系统的主要驱动力。水文情势指河流流量等水文要素在小时、日、月、年或更长时间尺度上呈现的动态变化过程。河流地貌指河流的主河道、河漫滩、心滩、心洲、湿地等的空间格局。

### 2.1.2　水电效益分析

#### 2.1.2.1　全球尺度

随着全球气候变化影响的日益加剧，世界各国把开发水电作为能源发展的优先领域，应对气候变化、实现可持续发展的共同选择。我国石油紧缺，能源以煤炭为主，但是过度地依赖煤炭必将引发 $CO_2$、$SO_2$等温室气体过量排放，污染空气，加剧温室效应。水电开发避免了因火力发电带来的环境污染及矿产资源的消耗问题，促进了低碳经济发展，在能源平衡和能源工业的可持续发展中占有重要的战略地位。从我国的资源条件和技术成熟度看，水能资源都是我国最主要的清洁可再生能源，在实现温室气体减排目标中承担更重要的任务。优先开发水能资源是各国政府及国际各界人士达成的共识。水电是可大规模开发的低碳能源，水电生产可以降低碳和有害气体排放。大力开发利用水能资源，加快调整以燃煤为主的能源结构，是实现全球温室气体减排目标的有效措施。

#### 2.1.2.2 流域尺度

相比全球尺度的减排效益，流域尺度上的水电能源具有效益及影响并存的二元特征（图 2.2）。水电开发不仅为我国社会安全和经济发展提供了重要电力能源保障，有效地缓解了我国经济发展与资源消耗的矛盾；而且具有防洪、灌溉、应急供水、防凌等水能资源综合利用效益。水电站建设可提供就业岗位，增加地方财政税收，增加地方人均收入，拉动区域内第三产业和旅游事业的发展等社会经济效益。抽水蓄能机组启停便捷、反应迅速，是技术成熟、经济合理的系统备用电源，对稳定电网系统频率、提供事故支援、提高电力系统稳定性具有重要作用。同时，水电站运行可增加库区水体面积，改善区域小气候；提高河道调蓄能力，实现水资源合理配置；保持河流动力，防止河道断流，具有生态环境效益。

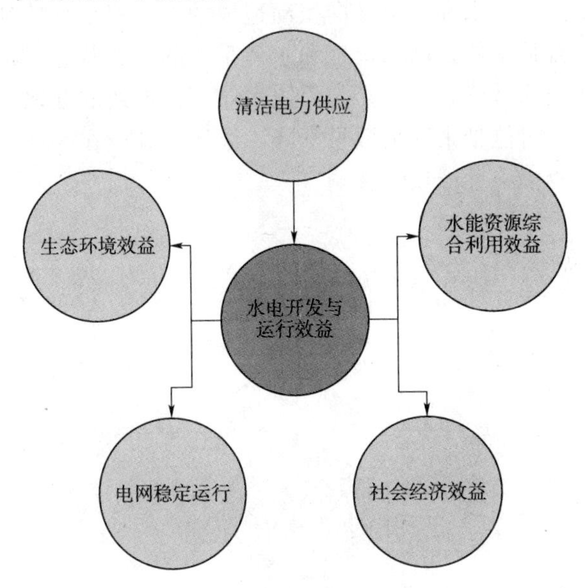


图 2.2 水电站综合效益示意图

### 2.1.3 水电影响分析

水电开发及利用过程对流域生态系统的影响集中于流域尺度。由于大坝的阻隔作用和水库的运行调度，水电站存在生态、环境、移民等问题。水电移民具有中国特色。20 世纪 90 年代之前，中国水电建设存在重工程、轻移民思想，采取一次性补偿的政策，产生大量遗留问题。为此，“前期补偿补助，后期扶持”“开发性移民”等移民新政策相继提出并得到实施。但是，由于历史、政策制定和执行原因，随着移民维权意识的提高，在已建水电工程和新建水电工程中，移民矛盾和问题依然突出。移民安置难度增加与生态环境保护要求提高，共同成为新时期中国水电开发面临的两个主要问题。

水电站运行对径流产生了显著的调节作用，改变了河流水文节律和河道输沙规律，从而导致河道形态及冲淤过程等发生变化。水库水体可能发生水温分层而导致低温水下泄、水库水体富营养化；大坝泄水可能导致下游河道溶解气体过饱和或溶解氧不足；库区由河道型变为湖库型，栖息地及物种组成、结构和功能也将发生一定的变化。大坝建设降低河流的纵向连通性，带来河流生态系统的阻隔作用，对水生生物尤其是洄游鱼类生长、繁殖产生影响。漫滩湿地生态系统生物多样性需要通过洪水和河道横向摆动造成的周期扰动维持其丰富的时空异质性。湿地水位是联系湿地和水体系统的重要状态变量，湿地对水位的变化极为敏感，特别是与周边水体相互连通的湿地其依赖性更大。大坝建设可能带来湿地数量下降，湿地及其所在区域生态环境功能退化，生物多样性减损等影响。

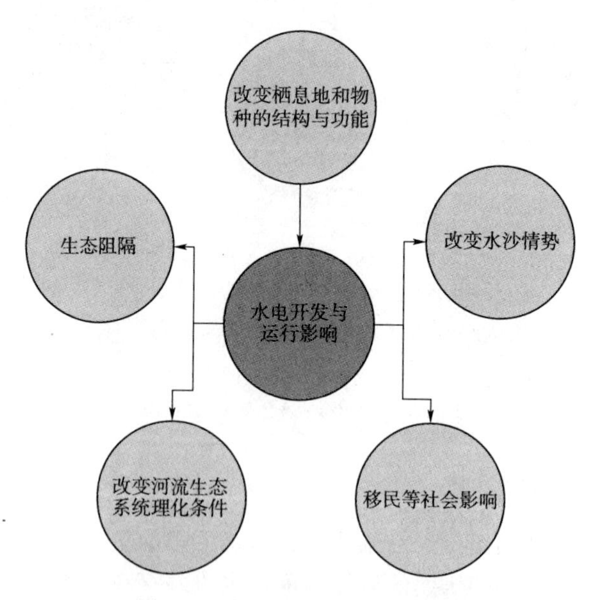


图 2.3　水电站综合影响示意图

# 2.2　水电发展潜在目标冲突与协调

## 2.2.1　中国现行水电环境保护政策

### 2.2.1.1　法律、法规及政策性文件

20 世纪 80 年代，我国开始重视水利水电建设项目的环境影响和环境保护工作，并形成了一系列管理规范和办法（表 2.1）。总体上，水利水电建设项目规划、设计、施工、运行各阶段需要符合环境影响评价、环境监测、环境影响后评价等相关法律、法规及政策的规定。

表 2.1　我国水利水电建设项目环境影响及保护管理框架

| 序号 | 名　称 |
| --- | --- |
| 1 | 《中华人民共和国环境保护法》 |
| 2 | 《基本建设项目环境保护管理办法》 |
| 3 | 《水利水电工程环境影响评价规范（试行）》 |
| 4 | 《水利工程水利计算规范》 |
| 5 | 《建设项目环境保护管理条例》 |
| 6 | 《已成防洪工程经济效益分析计算及评价规范》 |
| 7 | 《中华人民共和国环境影响评价法》 |
| 8 | 《环境影响评价技术导则　水利水电工程》 |
| 9 | 《水利建设项目后评价报告编制规程》 |
| 10 | 《水利水电建设工程验收规程》 |
| 11 | 《中央政府投资项目后评价管理办法》 |
| 12 | 《水利建设项目后评价管理办法（试行）》 |
| 13 | 《建设项目环境影响后评价管理办法（试行）》 |
| 14 | 《建设项目环境保护管理条例（修订草案征求意见稿）》 |

在建设项目环境管理框架中，环境影响评价制度是环境保护的一项基本制度，国家在建设项目环境决策方面赋予环境影响评价“一票否决”的权力。此外，建设方案不符合审批的环境影响评价文件，导致实际影响与预测影响不符的建设项目，环境影响相对比较复杂、不确定因素较多、建成后实际环境影响与原环评预测可能存在出入的建设项目，以及开发程度较高的流域，或建设周期较长、环境影响逐步

显露的建设项目，开展运行期环境影响后评价工作，对于其环境保护和环境管理都具有重要意义。

20 世纪 90 年代以来，我国逐步开展了一些建设项目的环境影响回顾评价、环境影响后评价、验证评价等工作。但是，环境影响后评价的内容和重点等方面在这些试点工作中均没有明确的界定，缺乏建设项目运行期引发的大尺度长时间序列生态环境演变、生态环境效益评估、可持续评价等方面的后评价技术，不能满足国家对于建设项目环境影响后评价的总体要求。

2003 年颁布的《中华人民共和国环境影响评价法》第二十七条规定："在项目建设、运行过程中产生不符合经审批的环境影响评价文件的情形的，建设单位应当组织环境影响的后评价，采取改进措施，并报原环境影响评价文件审批部门和建设项目审批部门备案；原环境影响评价文件审批部门也可以责成建设单位进行环境影响的后评价，采取改进措施。"该法仅对后评价的法律适用情形和责任主体作了一般原则性表述。此后，随着国家对生态环境的重视、公众环保意识的不断提高，法律规章制度在不断完善，环境影响后评价也得到了国家高度关注。2008 年国务院办公厅《关于印发环境保护部主要职责内设机构和人员编制规定的通知》（国办发〔2008〕73 号）明确把推进环境影响后评价摆上重要位置。

根据《国务院关于投资体制改革的决定》要求，国家发展改革委于 2008 年 11 月 7 日制定了《中央政府投资项目后评价管理办法（试行）》，自 2009 年 1 月 1 日起施行。该办法明确了开展后评价工作的项目范围，水利水电工程作为以国家投资为主的建设项目是今后建设项目后评价工作行业之一。水利部据此于 2010 年 2 月 20 日制定并施行了《水利建设项目后评价管理办法（试行）》，明确要求水利建设项目开展后评价工作。

环境保护部于 2015 年 4 月 2 日公布了《建设项目环境影响后评价管理办法（试行）》，自 2016 年 1 月 1 日起施行。《建设项目环境影响后评价管理办法（试行）》明确了建设项目环境影响后评价的概念、评价对象、审批部门、评价组织单位、评价实施单位、评价内容、评价时限等内容，完善了我国建设项目环境管理制度。运行期可持续水电项目需满足该办法的相关规定。

#### 2.2.1.2 相关标准与技术导则

水利建设项目环境保护及环境管理工作的相关标准及技术导则包括：

√ 《地表水环境质量标准》(GB 3838—2002)

√ 《土壤环境质量标准》(GB 15618—2008)

√ 《建设项目环境影响评价技术导则　总纲》(HJ 2.1—2016)

√ 《环境影响评价技术导则　地面水环境》(HJ/T 2.3—1993)

√ 《环境影响评价技术导则　地下水环境》(HJ 610—2016)

√ 《环境影响评价技术导则　生态影响》(HJ 19—2011)

√ 《环境影响评价技术导则　水利水电工程》(HJ/T 88—2003)

√ 《地表水和污水监测技术规范》(HJ/T 91—2002)

√ 《规划环境影响评价技术导则　总纲》(HJ 130—2014)

√ 《建设项目环境风险评价技术导则》(HJ/T 169—2004)

√ 《建设项目竣工环境保护验收技术规范 水利水电》(HJ 464—2009)

√ 《建设项目竣工环境保护验收技术规范 生态影响类》(HJ/T 394—2007)

√ 《江河流域规划环境影响评价规范》(SL 45—2006)

√ 《水库渔业资源调查规范》(SL 167—2014)

√ 《水利水电工程环境保护设计规范》(SL 492—2011)

√ 《内陆水域渔业自然资源调查手册》(1991年)

√ 《河流水电规划环境影响评价技术要点（试行)》(环办〔2012〕48号)

水电项目流域层面环境影响及环境保护工作需符合以上标准和技术导则的相关规定。《水利水电工程环境影响后评价技术导则》正在编制过程中，将对水利水电工程环境影响后评价的工作程序、评价时段及范围、评价原则及方法、评价重点、工作分级、评价内容、环境保护措施进行规定。流域尺度运行期可持续水电的环境影响及环境保护措施需符合《水利水电工程环境影响后评价技术导则》的相关规定。

### 2.2.2 中国现行水电行业管理政策工具分析

除环境保护领域外，国家能源局、水利部、国土资源部等部门有关水电行业主要法律、法规及政策性文件见表 2.2。总体上，水电建设项目规划、设计、施工需要符合能源、水电建设、安全管理、征地补偿及移民安置等相关法律、法规及政策性文件的规定。运行阶段水电项目管理文件除安全管理和环境管理以外，相对较少。

**表 2.2　　我国水电建设项目管理政策框架**

| 序号 | 名　称 |
| --- | --- |
| 1 | 《中华人民共和国水法》 |
| 2 | 《中华人民共和国电力法》 |
| 3 | 《中华人民共和国可再生能源法》 |
| 4 | 《电力监管条例》 |
| 5 | 《大中型水利水电工程建设征地补偿和移民安置条例》 |
| 6 | 《水库大坝安全管理条例》 |
| 7 | 《水电工程水库移民监理规定》 |
| 8 | 《水电厂水情自动测报系统管理办法（试行）》 |
| 9 | 《水电站大坝运行安全监督管理规定》 |
| 10 | 《水电工程验收管理办法》 |
| 11 | 《关于水利水电工程建设用地有关问题的通知》 |
| 12 | 《关于加强水电建设管理的通知》 |

除环境保护领域外，国家能源局、水利部、住房与城乡建设部等部门有关经济、社会、运行调度行业标准和技术导则主要包括：

√ 《水电建设项目经济评价规范》(DL/T 5441—2010)

√ 《建设项目经济评价方法与参数》(第三版)

√ 《水利建设项目经济评价规范》(SL 72—2013)

√ 《小水电建设项目经济评价规程》(SL 16—2010)

√ 《水利建设项目社会评价指南》(1999 年)

√ 《水电工程建设征地移民安置规划设计规范》(DL/T 5064—2007)

√ 《综合利用水库调度通则》(水管〔1993〕61 号)

√ 《大中型水电站水库调度规范》(GB 17621—1998)

√ 《绿色小水电评价标准（征求意见稿）》(办水电函〔2015〕

922 号）

上述水电行业标准和技术导则以规划、设计、施工和运行阶段的社会、经济、运行调度为主体。绿色小水电评价标准针对单站装机容量 50 万 kW 及以下以发电为主的，已投产运行三年及以上，未发生重大及以上环境事件或水事纠纷，且未引发重大移民安置纠纷，未发生重大及以上生产安全事故的小型水电站（不包括抽水蓄能电站和潮汐电站）。评价内容包括环境、社会、管理和经济四个类别，其中，环境评价包括水文情势、河流形态、水质、水生生态、陆生生态、景观和节能减排等评价要素；社会评价包括移民、利益共享和水资源综合利用等评价要素；管理评价包括生产及运行管理、绿色水电建设管理和技术进步等评价要素；经济评价包括财务稳定性以及区域经济贡献等评价要素。面向我国小水电运行期特征和满足行业管理需求选取的 15 个评价要素和 20 个评价指标，是对运行期水电管理的有益尝试。

### 2.2.3 潜在目标冲突及解决方案

#### 2.2.3.1 水电发展的潜在目标冲突

加快水电发展是保障我国能源供应、调整能源结构、实现温室气体减排目标的重要措施。但是，水电发展同时需要满足国家环境保护法律、法规、政策、标准及技术导则的环境目标和环境保护要求。水电发展的流域生态环境影响与全球温室气体减排及综合利用利益之间的潜在冲突见图 2.4。

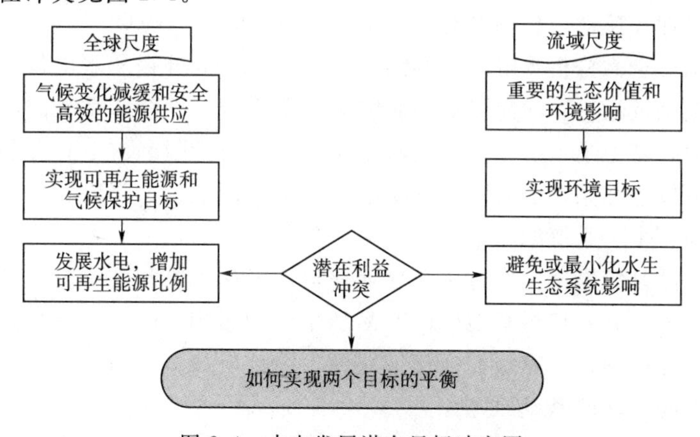


图 2.4 水电发展潜在目标冲突图

#### 2.2.3.2　解决方案

综合研究方法的优势在于可同时关注不同内容，是协调水电发展两个目标之间潜在冲突的有效方法。对于新建水电站，可通过传统的战略规划方法，实现水电发展与相关政策目标的一致性。此外，环境保护措施也是减缓水电站建设与运行对水生生态系统影响的有效方法。对于已建水电站，除了可持续发展或者能源政策等普遍原则和方法，通过实施环境保护措施达到生态修复的目的，也可用于协调多个潜在冲突目标。

总体上，现有水电项目管理法律、法规、政策性文件及行业标准以规划、设计、施工阶段为主，运行阶段水电项目管理相对空白。水电可持续发展作为一种综合方法，是平衡水电发展潜在环境目标与减排目标冲突的一个解决方案，也可为水电行业主管部门提供运行阶段项目监管的技术工具，促进实现水电能源全过程监管。水电可持续发展可涵盖社会、经济、生态及管理等方面，是全面认识和评价能源体系中水电能源地位和作用的重要手段。

## 2.3　水电可持续发展概念与内涵

### 2.3.1　水电可持续发展系统

#### 2.3.1.1　组成

系统论是指在执行某项功能时，系统内各部分或各子系统的内在工作机理和反馈，包括合作模式和不合作模式（NRC，2014）。应用系统论可全面分析水电开发利用的潜在后果，充分揭示水电规划、设计、施工及运行不同阶段如何影响某个子系统，一个子系统的改变如果影响到其他子系统，甚至是整个系统。系统论强调水电开发利用行为与流域生态系统的联系，其核心是子系统间能量、物质和信息的传递，即一个子系统的输出可能是另一个子系统的输入。系统论已经应用于产品系统层面，通过生命周期评价，确保水电各个阶段产品的可持续能力，并避免对其他阶段产品产生不利影响。因此，系统论已经成为全球层面、国家层面、流域层面、区域层面、公司层面及水电产业链不同层面的基础原则。

传统的可持续发展系统包括社会、经济和环境三个子系统。社会

可持续发展是近年来能源及水电行业可持续发展研究热点，也有学者在研究过程中，将文化与行政管理的稳定性划归社会范畴（Parris，2003）。Sternberg（2008）强调，水电行业内的可持续发展应包括技术、经济、环境和社会四个方面。社会、经济、环境和管理日益成为能源乃至水电行业可持续发展关注的焦点。

根据流域生态系统特征和不同阶段水电开发利用的特点，本书认为水电可持续发展系统是指：

“流域内的水能资源利用、社会、经济与环境子系统在共同演化与发展过程中，通过人类的管理行为克服矛盾、冲突与制约，维护相互合作与联合、相互激励、促进互惠共生，实现多维系统的整体性协调发展。”

水电可持续发展系统以水电开发利用行为作为主要研究对象，相对于其他社会经济活动，水电开发与运行是流域生态系统面临的直接压力。换句话说，流域环境子系统和社会经济子系统不仅是水电工程的支持系统，也是水电可持续发展系统的基础。水电工程规划、设计、施工及运行全过程管理是实现水电开发利用与流域生态系统相协调的必要条件，管理子系统反映水电可持续发展系统的协调能力，与社会经济子系统和环境子系统同等重要。因此，水电可持续发展系统由流域社会经济子系统、环境子系统和管理子系统组成，三者同等重要。

#### 2.3.1.2　结构

系统结构是指系统内各组成因素在时空连续上的排列组合方式、相互作用形式以及相互联系规则，是系统构成要素的组织形式和秩序。水电可持续发展系统结构为社会经济、环境、管理三维结构，见图2.5。

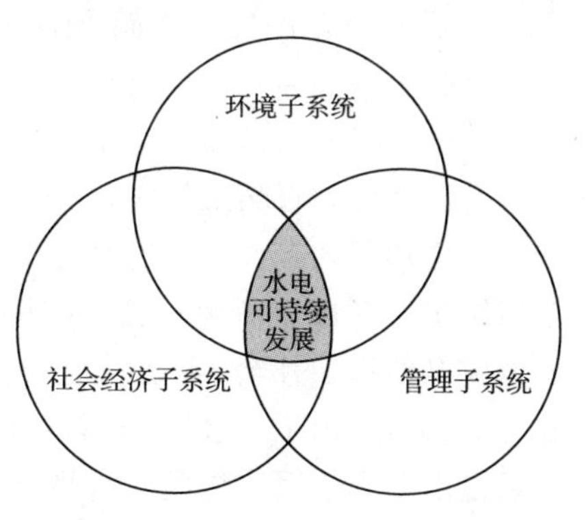


图2.5 水电可持续发展系统组成

(1) 社会经济子系统：流域是以水能开发为基础的社会经济地区，水能资源开发利用是流域经济生产的命脉，水电生产及相应的水产养殖、航运等水能资源综合利用是流域经济子系统的核心。同时，城市和村庄等人工系统中的产业结构、能源结构、资源结构、交通结构和农业结构是流域经济子系统的集中体现。社会经济子系统以人及人类社会活动为中心，以满足城市居民的就业、居住、交通、供给、文娱、医疗、教育及生活环境等需求和持续的经济前景为目标。该系统以高密度的人口和高强度的生活消费为基本特征。通过社会经济子系统，实现物资从分散向集中的高密度运转、能量从低质向高质的高强度集聚、信息从低序向高序的连续积累。

（2）环境子系统：流域横向结构可以划分为水生生态环境、消落带生态环境和陆生生态环境；水生生态环境在纵向上可以划分为河流区、过渡区和湖泊区；水库特有的形态结构导致水库在物理、化学和生物学上存在一个梯度特征，表现为由激流生境到静水生境的过渡。绿色植物、动物、微生物等与自然生态系统所建立起来的营养关系，构成了环境子系统的营养结构。流域环境子系统以生物与环境的协同共生为特征，为社会经济子系统和水能资源开发利用提供支持、容纳、缓冲及净化条件，以保护人类健康，支持经济发展，并维持生活质量。

（3）管理子系统：管理组织结构是子系统内的全体成员，为实现管理目标，在管理工作中进行分工协作，通过职务、职责及相互关系构成的结构体系。组织结构一般分为职能结构、层次结构、部门结构、职权结构四个方面，以明确管理部门和岗位的职责、权利的界定，以及相互之间如何协调、配合、补充和替代。

（4）社会经济、环境、管理子系统间的相互作用：在水电可持续发展系统中，社会经济、环境、管理子系统不是独立存在的，针对三个子系统开展综合评价，才能全面充分地认识整个系统的状态和水平。马世骏等（1984）、王如松等（2012）、余中元等（2014）学者共同提出社会-经济-自然复合生态系统的概念，同时给出其评价指标，认为社会、经济和自然虽然为独立的三个子系统，但三者之间的系统功能与结构均制约着各自的生存与发展，因此需将这三个子系统视为复合系统统一考虑。国际社会 Dunbar（1988）、Cumming 等（2005）学者也较早使用了社会-生态系统的概念，2009 年诺贝尔奖得主 Ostrom（2009）提出了社会-生态系统的分析框架，指出复杂的社会-生态体系是由多个子系统构成，这些子系统相对分离相互作用。研究并识别水电可持续发展各子系统间的相互作用，可准确分析水电开发利

用对系统内部及系统整体水平的影响，并可为适应性管理和环境保护措施提供指导。

### 2.3.1.3　特征

(1) 有序性和复杂性。水电可持续发展系统由社会经济、环境、管理子系统组成。河流作为环境子系统的重要组成部分，具有多层次的网络结构，由多级干支流组成。不同的等级和层次具有不同的性质和规律，干支流之间相互作用、相互转化，使整个河流处于复杂而有序的状态。

社会经济、环境、管理子系统由为数众多的系统元素组成，系统与子系统内部各元素之间，以及系统与外部环境之间存在着复杂的非线性相互作用，这些元素及其参数之间的耦合作用，使得系统内部形成了某种内在的结构，某些特定的元素及其参数则在变化与运动中形成稳定的组织模式、作用与制约机制，从而限制或激发系统的演化与发展。复杂性还表现为在系统之间的物质、能量与信息的交换过程中，流域复合系统及其子系统的循环运行将会处于混沌、模糊或无序环境状态。水电可持续发展系统内部的协调与稳态运行，将建立在如何从这个复杂巨系统中，寻找有效的路径和激励的政策与机制，引导和促使混沌、模糊与无序的复合系统朝着协同、有序的协调发展轨道不断进化与演化。

(2) 开放性和可控性。水电可持续发展系统是一种开放且复杂的耗散结构系统。系统内社会经济、环境、管理各子系统之间及区域外部环境之间存在着多种多样的、强烈的相互作用、相互影响，并随时进行着物质、能量与信息等的相互交换、相互传递。作为系统组成要素的人类，除具有自然属性外，还具有社会属性，使水电可持续发展系统除具有一般系统具有的自组织能力外，还具有主观能动组织能力，即由于人类的参与，水电可持续发展系统的结构和功能是可以调控的。

(3) 共生性。水电可持续发展系统中社会经济、环境、管理子系统之间的关系是一种共生关系，共生现象是系统内普遍现象。社会进步是建立在一定经济基础上，同时它又推到经济的发展。经济发展和社会进步既需要具有生态平衡的环境条件，也需要丰富的能源供给。随着经济发展和社会进步，人们将拥有更新的技术方法和管理模式来维护生态平衡及合理开发利用资源。通过管理子系统建立有效的法律、法规、政策性文件和激励政策与机制，可实现水电开发利用过程与社会经济子系统和环境子系统之间的协调发展。因此，在这个共生系统中，社会经济、环境、管理和人类相互依存、相互依赖、相互共生。促使其成为一个对称、互惠、共生的系统是水电可持续发展能否实现的关键。

（4）自组织性及管理的参与性。水电可持续发展系统属于有人类活动参与的复合系统，是介于自然系统和人工系统之间的一类特殊系统，其系统内部的结构及功能与其他类型生态系统有较大的差别。这种特殊系统既有自然系统的自组织现象，又具有人工系统的组织作用。水电可持续发展系统通过自组织和自我调节使自身处于一种相对稳定过程。这种平衡是在自然选择和协同选择管理子系统的过程中，社会经济、环境和管理目标相统一的平衡状态。这种平衡是相对的、动态的，依赖于与外界的能量、物质和信息交换以及系统的自组织能力。因此，水电可持续复合系统受到较大的价值观念、管理决策手段与准则影响。基于这一特点，重视管理子系统的组织与调控作用是实现水电可持续发展的最佳路径之一。

（5）空间整体性与地域分异性。水电可持续发展系统中，不仅各种自然要素之间的联系极为密切，而且以河流为主线，上、中、下游和干支流间相互制约、相互影响，形成整体性极强、关联度极高的区域。同时，由于不同子系统间存在着差异，这些差异在时间和空间上的“耦合”，必然呈现出分异性，表现为同一层次或不同层次流域之间的分异。由于各个层次的任一区域系统均为开发系统，因此，上一层次流域可持续发展的实现与否是建立在该区域中各个下级层次流域可持续发展实现的基础上，即每一个子流域水电可持续发展的实现与否将影响和制约上一级流域水电可持续发展，反之亦然。此外，同一子流域不同上下游的可持续发展的实现与否，将在不同程度对其他子流域水电可持续发展进程产生直接或间接的影响与制约。

（6）相对稳定性和动态性。水电可持续发展系统的稳定性依赖于与外界的能量、物质和信息（熵）交换，这种稳定是一种动态稳定过程，是在过程中维持结构和功能的稳定。一般干扰可以引起相应的变化，但最终结果消化于其中，表现出较强的恢复能力。水电可持续发展系统的结构和构成要素随时间的推移而发展演化。发展使系统整体

趋向稳定，演化表现为系统趋近并达到均衡，并从一个均衡向另一个均衡转换的非均衡过程。

由于水电可持续发展系统的复杂性，其系统的演化行为可能出现多种复杂的形式和格局，其中最常见的形式有多重均衡、路径依赖及锁定等。水电可持续发展的实现与维护，将依赖于正确选择水电可持续发展系统演化的最终路径，并科学选择和设计相适应的制度安排和激励机制，以加快推动流域从低层次均衡向高层次均衡不断转化。

## 2.3.2 水电可持续发展概念

### 2.3.2.1 国际社会

(1) 联合国。2004年10月27—29日，在北京召开"联合国水电与可持续发展"研讨会，并发表《水电与可持续发展北京宣言》(以下简称《北京宣言》)。《北京宣言》共有20条，重申了水电是一种重要的能源，强调水电在实现可持续发展中的战略重要性，并促进环境友好的、对社会负责的和经济可行的水电发展。

《北京宣言》指出：①采用包括水电在内的可再生能源，提高能源效率，能够促进可持续发展，为更多的特别是贫困的人口提供电力，并降低温室气体排放；②呼吁所有有关各方共同努力，以可靠的、负担得起的、经济可行的、社会可接受的和环境友好的各种方式为大家提供电力；③我们确信需要开发水电和其他能源，包括更新维护现有设施。将水电纳入到当前和未来水资源统一管理系统中，同时我们强调水电开发在社会、经济和环境方面必须具有可持续性等。

(2) 国际水电协会。2006年国际水电协会(IHA)的《水电可持续发展指南》提出"水电可持续发展是社会责任、完善的商业运作和自然资源管理的基本要素"，"要求把环境保护、社会发展、经济发展三个要素结合起来，作为相互依存、互为加强的支柱。消除贫困、改变生产和消费的非持续性模式、保护和管理自然资源是经济和社会发展的根基，是可持续发展的目的和根本要求"。

IHA在《水电可持续性评估规范》中，基于可持续发展系统内部社会、经济、环境子系统的相互协调(图2.6)，提出水电可持续发展的基本原则(IHA，2011)，具体包括：①水电可持续发展要求减少

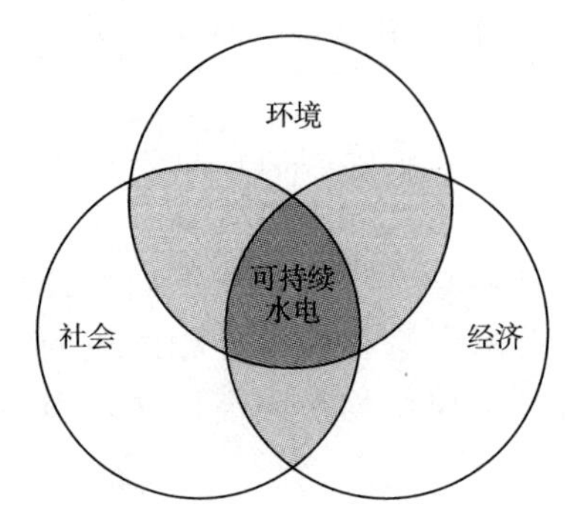


图 2.6　水电可持续发展系统图示

贫困、尊重人权、改变不可持续的生产和消费模式，实现长期的经济可行性，保护和管理自然资源，有效地管理环境；②水电可持续发展要求在经济、社会和环境价值之间进行权衡。这种协调过程需要采取透明和问责的方式，同时利用最新知识，广泛吸纳多方观点并创新；③按照可持续发展理念开发和管理的水电工程，能够为国家、区域及流域带来效益，并有可能促进水电开发区域实现可持续发展目标；④社会责任、公开透明和问责是水电可持续发展的核心原则。

（3）多瑙河流域保护国际委员会。多瑙河流域保护国际委员会（International Commission for the Protection of the Danube River，ICPDR）在《多瑙河流域可持续水电发展指导原则》（Schwaiger 等，2013）中明确提出了可持续水电发展的基本原则：①可持续原则，即采取综合方式管理资源，环境、经济、社会子系统同等重要，各子系统之间的关系见图 2.5。实现水电可持续发展需要同时关注水电生产、水生和陆生生态系统保护；②强调防洪、水资源利用等水电综合效益，例如供水、灌溉、航运、旅游等；③环境方面，强调水生生态系统、周边其他生态系统、气候保护目标和气候变化适应性管理目标；④除水电发电及环境以外，同时关注国家或者区域的其他发展目标和限制，包括社会、经济、财务、人群健康等；⑤社会经济方面，强调就业、收入分配、社会范式（自给自足而不是效率和经济增长）；⑥强调与区域发展相协调。

#### 2.3.2.2　我国学者

我国学者根据流域及水电开发的特点，认为流域水电可持续发展是“水电在流域某一具体发展阶段，在可预见的时间范围内，流域内的所有水电开发活动以维持流域生态系统良性循环发展为条件，依靠有效管理和可靠技术，实现可持续增长和社会进步。简而言之，即技术科学可靠、管理机制有效、生态环境友好、经济持续发展、社会不断进步”（赵蓉等，2013）。这个概念在传统的社会、经济、环境三个子系统基础上，从流域尺度强调水电可持续发展系统由社会、经济、

环境、管理与技术五方面组成，管理与技术作为实现社会、经济、环境子系统之间协调发展的保障，与之同等重要。

#### 2.3.2.3 中国水电可持续发展概念

水电可持续发展的核心内容是关注水电开发及运行与流域经济、社会和环境子系统的协调发展，并强调水能资源利用及流域生态系统状况的代际与代内公平。三个子系统中，经济可持续发展是水电开发企业关注的重点，环境可持续发展受到政府和民众的普遍关注，最近一段时期内社会可持续发展是水电发展的重点（IEA，2000；Rosso等，2014）。因此，对于水电工程开发及运行，经济发展、社会公平、环境保护同等重要，都是水电可持续发展的基本内容。

在全球气候变化导致温室气体减排压力增大的背景下，水电在全球尺度上的减排效益及流域/区域尺度上的综合效益受到高度关注，也赋予了水电可持续发展新的内涵。全球和流域尺度水电工程的社会、经济、生态效益，以及水电建设区域尺度的环境影响成为水电可持续发展双向关注焦点。此外，持续改进的项目管理、全过程环境管理、气候变化适应性管理也是水电可持续发展关注的重点内容。

因此，本书认为水电可持续发展是指：

“针对某一流域，通过提高和完善管理行为，实现水电规划、设计、施工及运行各阶段与流域内社会、经济、环境子系统相协调，发挥水电项目的综合效益，并确保流域复合生态系统维持在一定水平的过程。”

### 2.3.3 水电可持续发展内涵

#### 2.3.3.1 实现水电开发利用过程与流域生态系统的协调是水电可持续发展的目标

水电可持续发展以水电开发与利用过程为研究对象，包括社会经济可持续、环境可持续、管理可持续三个方面。社会经济可持续和环境可持续直接反映了流域生态系统对水电开发与利用强度的支持能力；间接体现了水电开发利用干扰下，流域生态系统维持其自身稳态的能力。其中，社会经济可持续是指促进水电企业和区域经济持续繁荣，保护社会福利和获得持续的人类健康，实现水电综合效益。环境可持续是指从流域生态系统整体角度，确保水能资源开发利用不超越系统再生能力，并通过生态修复和适应性管理，确保在水能资源开发利用背景下，流域生态系统维持其质量，并实现从一个稳态向另一个稳态转化，最终达到新的生态平衡。环境可持续的大小，一方面取决于流域生态系统本身的结构与特征；另一方面，在一定范围内受控于人类社会经济水平的发展和管理子系统的完善。管理可持续是指水电规划、设计、施工及运行全过程的管理行为，以实现水电开发利用与流域生态系统协调发展。

#### 2.3.3.2　水电可持续发展是一个过程而不是终极目标

本书中将水电可持续发展界定为一个过程，而不是发展目标或者终极状态。水电可持续发展必须以水能资源的永续利用和流域生态系统状况的持续维持为前提和基础。水电可持续发展以追求人类、水能资源利用、流域生态系统三者和谐为核心，主张人类及其对水能资源的利用应与流域生态系统和谐共处，拥有过健康而富有生产成果的生活权利。

水电可持续发展力图建立水能资源利用与流域生态系统协同进化、和谐共处的发展模式。这一模式要求在水能资源利用过程中，保持社会进步、经济增长、环境保护三者之间的协调，或者说是人类对水能资源的利用过程始终与流域生态系统相协调，最终达到代际公平发展，既满足当代人的需求，又不对后代人满足其需求的能力构成危害。

#### 2.3.3.3　系统思维及子系统间的相互作用

根据三维模型，水电可持续发展系统从综合性、整体性角度，整合社会经济、环境和管理子系统。从系统分析角度出发，有利于理解三个子系统之间的复杂动态关系，有利于研究水电开发利用后系统的整体变化。水电可持续发展系统由三个子系统组成，具有一定的结构和特征。从系统整体角度了解系统内部各子系统之间的联系和相互作用，识别系统内部的反馈环而不是简单的因果线性关系。从系统思维角度，水电可持续发展系统是在给定的复杂状态下，由社会经济、环境、管理子系统组成的开放系统。应用系统分析方法，可全面分析水电开发利用活动的潜在影响。例如，系统方法可充分说明水电开发行为如何影响社会经济及环境子系统，采取了哪些管理政策、规划及环境保护措施，或者一个子系统如果影响其他子系统和整个系统。

水电发展与社会经济、环境、管理子系统之间相互促进、相互制约。能源是社会经济子系统发展的动力，随着社会经济的快速发展，如果电力供应显现不足，将降低整个系统发展的协调度；随着能源不断开采和利用，环境所承受的压力越来越大，甚至超出环境的承载能力，从而影响环境子系统的发展，降低系统发展协调度，形成一个负反馈环；系统协调发展是一个动态发展的过程，管理子系统推行的各项政策、规划、行业标准等也随着发展所处的不同阶段而变动，随着系统发展，当前实行的政策可能会逐渐制约其进一步发展，降低系统协调度；管理子系统通过推行新的政策、规划、规范性文件、行业标准或环境保护措施，也会提高系统协调度。

#### 2.3.3.4 关注水电规划、设计、施工和运行全过程管理

水电可持续发展意味着按照可持续发展理念，在水电规划、设计、施工和运行全过程管理水电。水电可持续发展不仅是概念和理念，也可应用于水电开发利用全过程实践，并从比较宽泛的发展目标转变为具体的评价指标和标准，可应用这些评价指标监测相关水电发展政策及规划的实施，以及水电项目的运行与管理。

#### 2.3.3.5 强调水电效益及影响并重

在全球气候变化及社会经济与环境子系统相互作用、相互影响的大背景下，人类社会正面临着从不可持续社会经济行为转变为保护和修复生命支持系统的挑战，水电开发利用及水电可持续发展理念也随之发生转变。

国家能源政策制定过程中，需要综合采用节能、提高能源效率及发展可再生能源相结合的综合政策体系。电网稳定性、供电安全和相关储能设备也是需要考虑的重要方面。国家和跨国能源管理政策和目标需要考虑发展可再生能源，包括可持续水电发展。

决策过程中需要权衡公众利益，以评价新建水电项目带来的利益是否超过维持环境状况带来的效益。除实现水电项目的经济可行性和持续性外，是否发挥水电项目温室气体减排、防洪、灌溉、航运、供水、旅游等综合效益，为全球、国家、区域、流域带来社会、经济、环境多种效益。环境影响方面，关注水电开发项目对河流系统和河岸带系统的影响，并采取适应性管理措施；社会经济影响方面，强调水电项目与区域发展目标和要求相协调，关注水电移民安置效果。

## 2.4　水电可持续发展指导原则

### 2.4.1　基本原则

#### 2.4.1.1　考虑水电类型及装机规模

中国以大中型水电站为主，小水电仅占全国发电装机的 24%（图 1.5）。中国未来水电发展仍然以大中型梯级水电站为主。不同大坝类型和装机规模的水电站，潜在的生态环境影响差异较大。在预测河流水电开发规划的生态环境影响时，必须考虑水电站类型和装机规模的差异。已建水电站环境保护措施的设计和运行也要考虑到这一点。

新建水电站对水生态系统的影响预测，不仅需要考虑单一电站的影响及减缓措施，还需要考虑多个梯级水电站的累积影响及环境保护措施的统一规划与实施。因此，为了平衡电力生产和河流生态保护，编制河流水电开发规划、制定梯级水电站联合调度方案时，需要综合考虑水电站类型、装机容量、单独或累积生态效益及影响。

#### 2.4.1.2　全过程评价与重点评价

水电站包括规划、设计、施工和运行 4 个阶段，水电可持续评价可同时面对这 4 个阶段，例如 IHA《水电可持续性评估规范》。我国水电开发的相关政策和标准，主要涉及水电开发规划、设计和建设前 3 个阶段，针对运行期水电站管理的技术手段相对较少，因此，运行期是水电可持续评价的重点。2012 年联合国可持续发展大会的主题包括绿色经济、绿色增长及低碳发展。水电作为最重要的可再生能源，是人类应对气候变化、实现碳减排的重要手段。因此，能源与环境是水电可持续发展的关注点，而替代能源带来的碳减排效果，是水电可持续评价的重点之一。

### 2.4.2　流域/区域层面

#### 2.4.2.1　基本要求

是否促进区域可持续发展已经成为国际社会重大工程项目审批决策的前提条件（Kumar 等，2015）。流域/区域内对水电开发活动具有

特殊敏感性，或极易受其影响而产生负面效应的区域，是流域水电开发的主要生态约束区，例如，自然保护区、重要河岸带湿地、重要水生生物的自然产卵场及索饵场、越冬场和洄游通道等。新建水电站的一个挑战是识别哪些河段是关键生态约束区且禁止水电建设，哪些河段适合水电站建设且环境影响最小。

对于新建梯级水电站，可应用系统论方法识别流域生态约束区域。系统论方法的优势在于：①可综合考虑水能资源、能源、流域/区域发展政策和其他相关政策及规划目标，实现流域水电开发、河流生态系统、国家可再生能源发展规划、国家水电发展规划、流域综合规划的协调；②应用系统论方法可设定水电发展目标的优先顺序，例如，明确发展可再生能源、流域生态保护、流域管理之间的优先顺序；③可用于筛选识别最佳环境替代方案；④应用系统论方法构建的指标体系，可降低梯级水电站群的累积影响及风险。

#### 2.4.2.2 方法框架

流域/区域层面水电可持续发展的系统论评价方法框架包括两个步骤：第一步是流域尺度生态约束范围及程度评价，并从生态环境角度进行河流水电开发规划替代方案筛选，旨在实现水电规划阶段规避生态环境风险，水电设计阶段减轻或最小化生态环境影响；第二步是开展项目层面评价，这是由于水电站的效益和影响与具体水电站密切相关。系统论方法推荐采用这种流域层面与项目层面相结合的双层评价方法，见图 2.7。

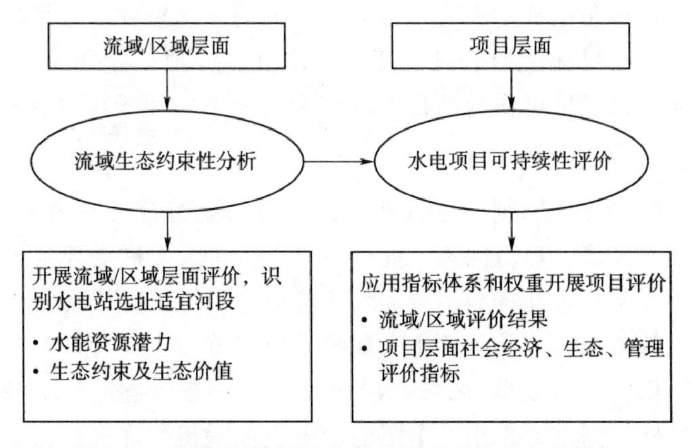


图 2.7　流域/区域层面和项目层面系统论方法框架

#### 2.4.2.3　评价内容

流域/区域层面开展新建水电项目评价的重点是评价流域生态约束范围及程度，识别适合流域范围内适宜水电开发的河段；项目层面新建水电项目评价可提供更具体深入的评价结果，在流域层面评价成果的基础上，进一步考虑水电项目的利弊；针对已建电站，水电可持续评价的重点是运行期项目管理。

流域/区域层面水电可持续评价可为项目层面水电可持续评价提供基础信息。第一步是识别水电限制开发区域，可采用的指标包括自然保护区、高生态价值河段、高敏感性河段、背景参考河段、流域大小等。这些指标适合应用于流域尺度，可应用于某一时段或者永久性适用。第二步对所有其他河段都要进行评价，以识别新建项目具体建坝地址，或已建项目管理水平及改善策略。两步方法中使用的指标需满足国家和流域/区域相关法律、法规及政策要求。评价结果可为河流水电开发规划和流域管理服务。

### 2.4.3　项目层面

#### 2.4.3.1　新建项目

由于水电站的效益和影响与具体项目设计密切相关，针对新建项目的最终决策过程需要依据项目层面评价成果。同时，项目层面评价可识别新建水电项目是否符合相关水资源、能源、环境法律、法规及政策要求。项目层面评价内容包括工程综合效益及对流域生态环境的影响评价，还包括针对不利生态环境影响的减缓措施。可采用的评价指标包括项目层面能源管理、环境与水资源管理、社会经济指标等。项目层面评价成果可作为项目 EIA 的补充材料，用于项目管理。

#### 2.4.3.2　已建项目

（1）综合协调原则。运行期水电项目需要符合可持续发展原则，平衡社会、经济、环境因素。此外，水电可持续发展需要考虑水电站运行期管理与流域经济、社会和环境价值之间的平衡与取舍。

（2）效益与影响并重原则。如果采取可持续方式管理与运行，水电站可提供国家、流域/区域、局地尺度的生态效益，对于满足可持续发展目标起到重要作用。中国的水电企业承担了许多社会责任，水电可持续发展需要考虑不同因子，例如长期经济变化、水电基地的保

护与管理、环境保护、当地扶贫等。因此，为了实现水电可持续发展，需要权衡利益相关方诉求，从流域/区域尺度综合考虑项目影响及效益。

（3）财务可持续原则。水电企业自身具有盈利能力、偿债能力、资产运营能力和发展能力，是确保水电企业生存与持续发展的重要因素。盈利能力是指企业获取利润的能力，表现为企业在一段时期内获得收益水平的高低；偿债能力是指企业对到期债务的偿还能力，企业是否有足够的现金偿还到期债务是其持续稳健经营的关键；企业运营能力是指企业运用资产、管理资产并创造价值的能力，反映了资产运营的效率和效益；发展能力是指企业通过自身的生产经营活动，不断积累而形成的发展潜能，是对企业财务目标的未来发展趋势的预测。其中，企业的盈利能力和发展能力，是衡量水电企业财务可持续的关键因素。

（4）生态修复原则。运行期环境保护措施管理与生态修复是水电可持续发展的重要内容。生态修复措施是为了减缓水电站运行对河流和岸边湿地的影响，这对于实现环境目标非常重要。由于许多河漫滩是鸟类栖息地，需要重点关注水电项目运行对这些区域的影响。水电项目运行对鱼类的影响也需要重点关注。采取环境保护措施和生态修复措施，可减缓水电项目运行对流域生态环境的影响，实现能源生产和环境保护的双赢。分层取水、过鱼设施和下泄生态流量等可减缓运行期水电站对下游水生态系统的影响。

（5）奖励与问责并重原则。奖励与问责是水电可持续发展的重要内容。为了促进已建电站的技术创新、环境保护和生态修复，奖励计划是有效的政策工具。奖励计划种类繁多，包括投资补贴、提高的上网电价、生态标签等。水电企业的生态标签，需要经过认证程序，表征环境友好型水电，由消费者付费，用于投资水电项目环境保护措施。水电企业管理引入问责制，有利于完善现代企业制度，提高各级管理者的责任感，强化企业的全面管理。问责制是企业建立现代企业制度的重要保障，可以促使企业建立健全规章制度，明晰权责，奖惩分明，杜绝推诿扯皮现象。引入问责制，将使企业管理更加科学化、规范化、透明化，更大程度地调动每一位员工的积极性。奖励与问责联合应用，是运行期水电可持续发展的重要手段。

（6）适应性管理原则。全球气候变化是人类迄今为止面临的规模大、范围广、影响为深远的挑战之一，也是影响未来世界经济和社会发展、重构全球政治和经济格局的重要因素之一。全球气候变化对水文循环和水资源的演变产生了深刻影响，并突出表现为降水与水资源时空变异性的增强、对水文过程的显著改变。

水电是实现温室气体减排、应对全球气候变化的一个有效措施。运行期水电适应性管理强调以持续性监测、定量科学评估、调整反馈机制为手段，形成维持水库生态系统、下游河流生态系统、河流/河口湿地生态系统与近海岸域生态系统健康状况的最适应管理模式。水电适应气候变化的技术措施包括低流量或旱季的技术调度方案等。同时，水电适应性管理还能减缓气候变化对生态系统的影响，如避免或最小化水文情势变化的影响。

## 参考文献

[1] 赵蓉，禹雪中，冯时．流域水电可持续性评价方法研究及应用［J］．水力发电学报，2013，32（6）：287-293.

[2] 马世骏，王如松．社会、经济、自然复合生态系统理论［J］．生态学报，1984，4（1）：1-9.

[3] 王如松，欧阳志云．社会-经济-自然复合生态系统与可持续发展［J］．中国科学院院刊，2012，27（3）：337-345.

[4] 余中元，李波，张新时．社会生态系统及脆弱性驱动机制分析［J］．生态学报，2014，34（7）：1870-1879.

[5] Cumming G S，Barnes G，Perz S，et al. An exploratory framework for the empirical measurement of resilience [J]. Ecosystems，2005，8（8）：975-987.

[6] Dunbar R I M. Socio-ecological Systems [M]. Primate Social Systems. Springer US，1988：262-291.

[7] IEA (International Energy Agency). Survey of the environmental and social impacts and the effectiveness of mitigation measure in hydropower development，vol. 1. [EB/OL]. [2000-05-08]. http：//www.sswm.info/sites/default/files/reference_attachments/INTERNATIONAL%20ENERGY%20AGENCY%202000%20Hydropower%20and%20the%20environment.pdf.

[8] International Hydropower Association (IHA). Hydropower sustainability assessment protocol [EB/OL]. [2011-12-08]. http：//www.hydrosustainability.org/Protocol.aspx.

[9] Karl Schwaiger，Jakob Schrittwieser，Veronika Koller-Kreimel，Edith

Hödl-Kreuzbauer, Ovidiu Gabor, Graziella Jula, Aleš Bizjak, Petra Repnik Mah, Nataša Smolar Žvanut, Raimund Mair. Guiding principles on sustainable hydropower development in the Danube Basin [J]. ICPDR, Vienna. 2013, 11.

[10] Kumar D, Katoch S S. Sustainability assessment and ranking of run of the river (RoR) hydropower projects using analytical hierarchy process (AHP): A study from Western Himalayan region of India [J]. 山地科学学报（英文）, 2015, 12 (5): 1315 - 1333.

[11] National Research Council of the National Academies (NRC). Sustainability concepts in decision-making: Tools and approaches for the US Enivronmental Protection Agency [M]. Washington, D. C. : The National Academies Press , 2014.

[12] Ostrom E. A general framework for analyzing sustainability of social-ecological systems [J]. Science, 2009, 325: 419 - 422.

[13] Parris T M, R K. Characterizing and measuring sustainable development [J]. Annual Review of Environment Resources. 2003, 28: 559 - 586.

[14] Rosso M, Bottero M, Pomarico S, et al. Integrating multicriteria evaluation and stakeholders analysis for assessing hydropower projects [J]. Energy Policy, 2014, 67 (4): 870 - 881.

[15] Sternberg R. Hydropower: Dimensions of social and environmental coexistence [J]. Renewable & Sustainable Energy Reviews, 2008, 12 (6): 1588 - 1621.

# 第3章　中国水电可持续评价技术方法

## 3.1　评价框架

### 3.1.1　概念模型

开展水电可持续评价首先需要选择和应用合适的水电可持续评价指标、标准和评价方法。在选择和应用一套评价指标和评价方法之前，首先应了解这些方法和指标的适用性。应用概念模型和系统分析方法，完成可持续评价指标和评价方法的筛选。

概念模型特别适用于在问题发展演变过程中揭示系统特征，识别系统结构、功能、边界和重要特征。应用概念模型可以直观定性描述一个复杂系统及系统内各子系统间的联系和相互作用，并可用于阐述系统评价指标选取的重要规则。描述这种子系统间的相互关系，可以帮助研究人员、管理者、决策者、利益相关方更好地了解水电可持续发展系统，以及水电发展过程对该系统的影响。

世界范围内不同机构根据研究目标、研究尺度和管理需求提出了不同的可持续发展概念框架，包括可持续发展的三维结构、驱动力-压力-状态-影响-响应模型（European Commission 等，1999）、驱动力-压力-状态-风险-效应-行动模型（Kjellstrom 等，1995；Briggs 等，1996；Corvalan 等，1999；Serageldin，1996）、Daly（1973）的三角形模型。系统动力学模型可提供更多复杂动力学系统内部结构和行为的具体信息，并有助于可持续评价指标的选取（Gustavson 等，1999）。

压力-状态-响应模型最初由加拿大统计学家 Tony Friend 和 David Rapport 提出，用于分析环境压力、现状与响应之间的关系。20 世纪 70 年代，OECD 对其进行了修改并用于环境报告。20 世纪 80 年代末 90 年代初，OECD 在进行环境指标研究时对模型进行了适用性和有效性评价。OECD 认为，人类的经济、社会活动与自然环境之间存在相互作用关系。即：人类从自然环境取得各种资源，通过生产消

费又向环境排放污染物，从而改变了资源的数量和环境的质量，进而影响了人类的经济社会活动及其福利，如此循环往复，形成了人类活动与自然环境之间的压力-状态-响应关系。据此设计的指标较好地反映了自然、经济、环境与资源之间相互依存、相互制约关系。该模型的逻辑性较强，充分体现了环境在可持续发展进程中的重要作用，特别突出了环境受到威胁与环境破坏和退化之间的因果关系，对评价对象提出的压力-状态-响应指标与参照标准对比研究模式受到了很多学者的推崇。不足之处在于指标的归属存在很大的模糊性。

水电可持续发展概念模型可通过压力-状态-响应模型勾画，见图3.1。水电可持续发展系统三维结构（图3.1）表明，水电可持续发展是个圆状重叠结构，代表社会福利、经济繁荣、环境健康、管理有效的重叠部分。针对水电开发规划和设计阶段，管理子系统主要通过现行法律、法规、政策性文件、行业标准、技术导则的实施，协调水电发展与社会经济、环境子系统的关系；针对施工及运行阶段，管理子系统集中于水电开发及管理运营企业内部的行政管理行为，通过实施这些管理措施，提高水电可持续发展水平。作为系统响应，制定和实施新的法律、法规、政策性文件、行业标准、技术导则、环境保护措施，可进一步促进水电开发、利用过程与社会经济、环境子系统的协调发展，以提高水电可持续发展水平。三维模型表明水电可持续发展来源于多学科，特别是经济学、社会学、环境学和管理学，属于跨学科领域。

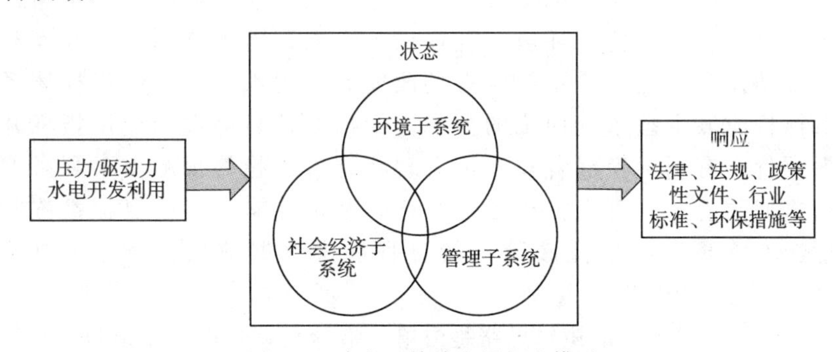


图3.1 水电可持续发展概念模型

### 3.1.2 评价步骤

水电可持续评价包括四个步骤：

（1）构建水电可持续子系统评价指标。根据概念模型，选择社会经济、环境、管理子系统评价指标。由于子系统间存在相互联系和相互作用，跨子系统指标也需要考虑。

（2）开展水电可持续子系统评价。应用社会经济、环境、管理子系统评价指标，开展水电规划、设计、施工和运行不同阶段对水电可持续发展系统各子系统的影响评价，从全球及流域两个尺度，完善单因子评价工具，分析水电开发利用对社会经济、环境子系统各评价指标的影响及效益，识别水电开发利用对社会经济、环境、管理子系统影响的关键变量和因果关系。

（3）开展水电可持续综合评价。根据识别的水电开发利用与社会经济、环境、管理子系统的因果关系、关键变量、潜在影响及效益，构建水电可持续发展综合评价指标体系，提出各评价指标的评价标准，建立指标体系量化方法。

（4）生态修复与适应性管理。提出提高水电可持续发展的环境保护措施，减缓水电开发利用的不利影响，形成适应性管理方案，实施后确保水电开发利用满足可持续发展和利益相关方要求。

## 3.2　评价指标

### 3.2.1　指标分类

根据水电可持续发展的三维概念模型，水电可持续评价指标可划分为社会经济、环境、管理三个方面，用于监测水电开发利用活动作用下三个子系统状态的改变。应用水电可持续指标体系可评价流域生态系统面临的挑战。指标的认真筛选和应用指标开发评价，有利于管理者和决策者现状评价、趋势预测和不利影响的早期预警，并可为提出更高目标，制定战略、环境保护措施和适应性管理跟踪监测政策执行过程提供数据信息、服务于决策（Singh等，2009）。

建立指标框架的逻辑思路是由单一指标至综合指标或指数。指标是指某一给定地理空间可定量表征压力、状态、暴露或人类健康和生态状况的数值，并可反映随时间演变的长期趋势（USEPA，2008）。综合指数是多个单一指标对比形成的指数，包含两个或两个以上的因素，可用于系统概化和多维化比较。

根据三维概念模型，水电可持续评价指标体系可从社会经济、环境、管理子系统的公共重叠区域选择。每个子系统指标可进一步划分为亚类指标，有些指标可能涉及多个子系统，如能源强度指标与可持续发展的二个子系统均相关。

每个子系统中单一指标的选择及其在决策过程中的重要性关系到决策者的关注点和价值取向。一维指标用于表征一个子系统的信息。随着时间、阈值和目标的增加，环境指标能否作为可持续发展指标一直存在争论（Meadows，1998）。实际上，任何一维指标都会随时间发生变化，以评价历史趋势、现状和未来演变。

某些指标是一维指标，与其他指标结合应用可产生二维指标。例如，GDP和人口数量是一维指标，可结合产生经济水平的二维指标，如人均GDP。二维指标可提供相关两个子系统信息，如人均血铅浓度既可以反映环境子系统的环境风险状况，也可以表征社会子系统的人类健康状况。有些指标甚至可以提供三个子系统信息，如人均住宅建筑面积与能源消耗和财富增长相关，可用于表征经济繁荣、生活质量和资源枯竭状况。

具体指标明确后可构建相应的水电可持续评价指标体系，并建立各指标的评价标准和评价方法（例如，生命周期评估），用于水电可持续发展系统整体和子系统评价。

### 3.2.2 评价指标选择原则

水电可持续评价内容涉及广泛，需要考虑的因素很多。但在实际评价时，并非指标越多越好。评价指标过多，存在重复性，会受干扰；而评价指标过少，如果所选的指标缺乏足够的代表性，会导致评价结果的片面性。科学的指标筛选原则是正确建立评价指标体系的前提。因此，在建立正确的评价指标体系时应遵循如下几个原则。

#### 3.2.2.1 相关性和有意义原则

根据性能测量原理，指标选择的标准是“实效性”，与研究对象和问题相关，即与水电开发利用及由此导致的影响和效益相关。选择的指标可反映水电开发利用不同阶段流域社会状况、经济水平及环境状况的变化；且指标清晰、全面、透明，具有实际指导意义。

#### 3.2.2.2　系统性和一致性原则

评价指标能全面反映水电可持续发展系统的本质特征和整体性能，可全面评价水电可持续发展目标。指标体系层次清楚、结构合理、相互关联、协调一致，可应用于流域、区域、市、县不同尺度。评价指标与评价目标保持一致，可表征流域基本特征，既能反映水电开发利用的直接效果，又能反映间接效果。

#### 3.2.2.3　独立性和可比性原则

社会经济、环境、管理子系统评价中，每个子系统的指标众多，且有些指标之间存在相关性。选取指标时，要保证指标间的相对独立性，确保评价指标覆盖水电可持续发展系统的主要特征，又可避免少数信息重叠指标影响评价结果。评价指标可测量和验证，并能表征区域、文化、社会经济差异，便于不同流域水电站之间的横向比较。

#### 3.2.2.4　科学性和可操作性原则

要以科学理论为指导，以系统内部客观要素及其本质联系为依据，定性与定量指标相结合，正确反映水电可持续发展系统整体和内部关系的数量特征。指标选取以水电站不同阶段对流域生态系统的影响及效益评价为基础，既要考虑水电开发利用对流域社会经济及生态环境影响机制的复杂性，又要考虑指标选择的科学性。水电可持续评价是用于指导水电开发利用，特别是运行期水电站管理，因此，选择的评价指标须具有可操作性，高效低价，监测和执行无经济负担，所需数据易于获得。同时，选取的指标易于推广和调控，可通过具体措施调控指标。

#### 3.2.2.5　动态性和有效性原则

水电可持续评价时间跨度较长，运行期可反复多次开展评价工作。指标的选择要充分考虑水电开发利用技术进步和生态环境状况及其最新研究成果，能够综合反映水电可持续发展系统的长期变化。随着新技术研发和管理理念的更新，评价指标也需要不断改进，确保选取的指标可有效反映基准值，可随时监测，并可用于监测决策效果。

### 3.2.3 社会经济、环境及管理子系统可持续评价指标

#### 3.2.3.1 多种能源开发技术可持续评价文献指标

传统的经济可持续和环境可持续评价指标以经济发展水平和环境质量为主。社会可持续评价是近年来能源可持续发展研究中关注的焦点。相对于经济和环境可持续评价指标，社会可持续评价涉及范畴较广，研究过程中选取的指标差异较大。

传统的社会评价指标主要围绕着如何正确评价建设项目对人类生活质量的影响，例如区域社会经济的增长。近年来，社会指标的选择范围越来越广泛，已经涵盖能源开发的社会影响评价和政策效果评价等方面。Esping Andersen（2000）对社会指标研究局限于定性描述现象提出了批评，他指出由于社会影响定量评价技术匮乏，缺少用来指导指标选择的理论研究，大多数已有社会评价指标研究仅仅局限于收集数据。为突破这一瓶颈，之后的社会学研究中，定量评价指标和评价模型趋于多样化，评价指标涵盖社会状况、社会水平、生活方式、文化模式等，并能够体现价值观和社会目标（Bauer，2007）。

针对能源开发项目，Afgand 等（2000，2002）提出了能源社会可持续评价框架，建立了多层次多种能源开发技术社会可持续评价系统，选取的社会评价指标包括创造就业机会、人群健康状况等。鉴于评价框架的指导意义，该方法至今仍在大量的文献中广泛使用。Assefa 等（2007）通过调研瑞士多种能源开发技术社会可持续评价案例，强调社会可持续评价指标中需要重点关注社会认可度。Carrera 等（2010）指出多种能源技术评价仅包括经济可行性和生态多样性是不够的，还需要考虑能源开发技术的社会影响指标。Ribeiro 等（2011）在可持续能源规划社会评价中，提出了 100 个社会可持续评价指标。Onat 等（2011）认为社会可持续评价应包括环境影响的外部效益和人类的外部成本 2 个方面。

Wang 等（2009）对截至 2008 年之前有关能源供应系统可持续评价的国际期刊论文进行了综述，统计了技术、经济、环境和社会 4 个方面的评价指标在文献中应用的频次，结果见表 3.1。表 3.1 表明，社会认可度、就业机会和社会效益是能源技术社会可持续评价中主要采取的指标；投资成本和运营成本、氮氧化物和二氧化碳排放量是主要的经济及环境可持续评价指标。

**表 3.1　能源技术可持续评价文献中评价指标出现的频次**

| 领域 | 标准 | 应用频次 |
|---|---|---|
| 经济 | 投资成本 | 24 |
| | 营运维护成本 | 13 |
| | 燃料费 | 9 |
| | 发电成本 | 7 |
| | 净现值 | 5 |
| | 偿还期 | 4 |
| | 使用期限 | 4 |
| | 等值年成本 | 4 |
| 环境 | 氮氧化物排放量 | 12 |
| | 二氧化碳排放量 | 21 |
| | 一氧化碳排放量 | 3 |
| | 二氧化硫排放量 | 8 |
| | 粉尘排放量 | 5 |
| | 非甲烷挥发性有机化合物 | 3 |
| | 土地利用 | 10 |
| | 噪声 | 6 |
| 社会 | 社会认可度 | 4 |
| | 就业机会 | 9 |
| | 社会效益 | 5 |

Ribeiro 等（2011）对能源发展规划评价研究进行了总结和梳理，本书进一步对文章进行了整理，结果见表 3.2。表 3.2 结果表明，14 篇能源及可再生能源发展规划评价文献中，文献调研、能源专家访谈、头脑风暴法、利益相关方参与方法是形成能源规划评价指标体系的 4 种主要方法；8 篇文献采用多准则分析作为指标系统量化方法；政策法规一致性、社会接受度、社会安全、就业、人群健康、区域社会经济带动及生态环境影响是能源发展规划评价的主要指标。

**表 3.2　　　　能源规划评价研究进展**

| 参考文献 | 形成指标体系方法 | 评价指标 | 研究内容 | 评价方法 |
|---|---|---|---|---|
| Kowalski 等，2009 | 能源专家访谈、情景分析 | 区域自治性 | 可再生能源技术比较研究 | MCDA |
| | | 社会凝聚力 | | |
| | | 社会正义 | | |
| | | 景观质量 | | |
| | | 噪声 | | |
| Kahraman 等，2010 | 文献调研 | 全国能源政策目标的兼容性 | 可再生能源技术比较研究 | MCDA |
| | | 政治接受度 | | |
| | | 社会接受度 | | |
| | | 政党影响 | | |
| Karakosta 等，2010 | — | 就业贡献率 | 能源政策评价 | SWOT 分析 |
| | | 弱势群体生活质量改善 | | |
| Gamboa 等，2007 | 访谈，访谈对象包括环境学家、政府和企业股东 | 城镇居民收入 | 新能源技术比较研究 | 社会多准则评价 |
| | | 就业人数 | | |
| | | 视觉影响 | | |
| | | 森林减少面积 | | |
| | | 噪声影响 | | |
| | | 二氧化碳减排量 | | |
| Doukas 等，2007 | 25 个公立和私人能源机构联合工作 | 就业贡献率 | 能源技术比较研究 | MCDA |
| | | 区域发展贡献率 | | |
| Carrera 等，2010 | 文献调研、能源专家访谈、Delphi 法 | 可持续需求 | 能源技术比较研究 | MCDA |
| | | 能源供应方式多样化 | | |
| | | 能源资源储量 | | |
| | | 废物管理 | | |
| | | 面向市场的灵活性 | | |
| | | 技术发展灵活性 | | |
| | | 能源系统成潜在冲突 | | |
| | | 采取行动的意愿性 | | |
| | | 依靠公众参与的决策过程 | | |

续表

| 参考文献 | 形成指标体系方法 | 评价指标 | 研究内容 | 评价方法 |
|---|---|---|---|---|
| Carrera 等，2010 | 文献调研、能源专家访谈、Delphi 法 | 公民接受度 | 能源技术比较研究 | MCDA |
| | | 事故风险特征 | | |
| | | 运行风险特征 | | |
| | | 对正常健康状况的影响 | | |
| | | 事故工况对健康的影响 | | |
| | | 恐怖分子的潜在威胁攻击 | | |
| | | 公平的生活条件 | | |
| | | 感知公平性 | | |
| | | 景观质量影响 | | |
| Ferreira 等，2010 | 文献调研、能源专家访谈、Delphi 法 | 噪声影响 | 能源技术比较研究 | MCDA |
| | | 鸟类和野生动物影响 | | |
| | | 视觉冲击力 | | |
| | | 社会接受度 | | |
| Beccali 等，2003 | — | 劳动影响 | 可再生能源技术比较研究 | MCDA |
| | | 市场成熟度 | | |
| | | 法律、法规政策性文件兼容性 | | |
| Evans 等，2009 | 文献调研 | 视觉 | 可再生能源技术比较研究 | 假定权重分析 |
| | | 鸟击 | | |
| | | 噪声 | | |
| | | 农业 | | |
| | | 河流生态系统破坏 | | |
| | | 地震活动 | | |
| | | 环境污染 | | |
| Vera 等，2007 | — | 电力供给能力 | 建立可持续发展指标体系 | — |
| | | 电力需求 | | |
| | | 需求与供给之差 | | |
| | | 健康安全 | | |
| Assefa 等，2007 | 文献调研 | 知识水平 | 能源技术可持续评价 | ORWARE（瑞士评价工具） |
| | | 知觉 | | |
| | | 恐惧心理 | | |

续表

| 参考文献 | 形成指标体系方法 | 评价指标 | 研究内容 | 评价方法 |
|---|---|---|---|---|
| Begic等，2007 | 文献调研 | 就业率 | 能源技术比较研究 | MCDA |
| | | 能源供给多样性 | | |
| Streimikiene等，2010 | 文献调研 | 技术工作岗位机会 | 能源技术比较研究 | 假定权重分析 |
| | | 食品安全风险 | | |
| | | 事故死亡率 | | |
| | | 严重事故知觉 | | |
| Río等，2009 | — | 就业影响 | 可再生能源可持续评价 | 案例比较研究 |
| | | 人口统计 | | |
| | | 能源影响 | | |
| | | 教育影响 | | |
| | | 生产影响 | | |
| | | 生产区域多样化影响 | | |
| | | 当地资源整合 | | |
| | | 社会凝聚力和人类发展 | | |
| | | 收入分配和对贫困的影响 | | |
| | | 其他经济效益 | | |
| | | 当地参与度 | | |
| | | 旅游业收益 | | |
| | | 当地产业带动效益 | | |
| | | 当地政府预算影响 | | |

**注** MCDA为多准则决策分析方法。

Carrera等（2010）应用的关键词“社会指标”“可持续指标”“环境指标”及“能源指标”，针对1990—2010年能源供应技术社会可持续评价文献开展了调研。结果表明：欧盟和其他欧洲国家能源技术社会可持续评价文献中共使用了1320个评价指标；根据各评价指标的区间范围、一致性、涵盖信息量、适用性、全面性、非线性、可比性、数据易收集、数据分类9个原则，筛选出26个常用指标，见表3.3。

**表 3.3　　　　欧洲能源供应技术社会可持续评价指标**

| 分类 | 指　　标 |
| --- | --- |
| 能源供应连续性 | 能源储备能力 |
| | 能源供应主要来源 |
| | 按当前开采速度，探明储量可持续开采时间 |
| | 废物管理 |
| | 供应系统的灵活性 |
| | 新技术研发 |
| 政治稳定性和合法性 | 能源开发对社会的危害 |
| | 非政府组织和其他公民的意愿 |
| | 各种技术决策过程的依赖度 |
| | 居民接受度调查 |
| 社会风险 | 风险特征 |
| | 预期的正常工况 |
| | 风险管理要素 |
| | 事故风险概率 |
| | 严重事故风险概率 |
| | 风险发生的可能性 |
| | 严重事故发生的可能性 |
| 生活质量 | 社会福利预算中的有效电力成本 |
| | 工作机会 |
| | 在周围社区的风险感知和利益分配 |
| | 土地利用 |
| | 公共区域可达性 |
| | 景观美学价值下降 |
| | 居民主观满意度 |
| | 能源生产过程的噪声污染 |
| | 能源设施传输高峰期引起的交通拥堵 |

#### 3.2.3.2　水电可持续评价文献指标

Supriyasilp 等学者（2009）针对泰国北部平河流域 64 个水电站，从发电量、工程财务、社会经济、环境和利益相关者参与五个方面建立了水电建设项目可持续评价指标体系，见表 3.4。总体上，这套水

电可持续评价指标体系以水电设计阶段和施工阶段为主，准则层以工程经济可行性指标数量最多，环境和区域社会经济准则层权重位于前两位，分别为0.355和0.234。

**表3.4 泰国北部平河流域层面水电可持续评价指标体系**

| 准则层 | 要素层 | 类型 | 权重 |
|---|---|---|---|
| 发电量（A）<br>（0.181） | A1 装机容量 | 定量 | 0.288 |
| | A2 年发电量 | 定量 | 0.421 |
| | A3 车间电力载荷 | 定量 | 0.121 |
| | A4 输电线长度 | 定量 | 0.170 |
| 工程财务（B）<br>（0.141） | B1 技术可行性、施工技术难度 | 定性 | 0.033 |
| | B2 通道形状 | 定性 | 0.039 |
| | B3 通道斜率 | 定量 | 0.081 |
| | B4 河道年径流量 | 定量 | 0.062 |
| | B5 施工现场可达性 | 定量 | 0.039 |
| | B6 预计开发周期 | 定量 | 0.052 |
| | B7 效益/分成/多目标性 | 定性 | 0.044 |
| | B8 工程造价 | 定量 | 0.154 |
| | B9 内部收益率 | 定量 | 0.101 |
| | B10 净现值 | 定量 | 0.080 |
| | B11 发电成本 | 定量 | 0.315 |
| 社会经济（C）<br>（0.234） | C1 地区安全 | 定性 | 0.499 |
| | C2 社会冲突 | 定性 | 0.165 |
| | C3 水资源问题 | 定性 | 0.126 |
| | C4 土地利用问题 | 定性 | 0.084 |
| | C5 合法合规性 | 定性 | 0.071 |
| | C6 基础设施和服务 | 定性 | 0.055 |
| 环境（D）<br>（0.355） | D1 河道形态和生态流量 | 定性 | 0.626 |
| | D2 栖息地丧失和水土流失 | 定性 | 0.125 |
| | D3 河岸坍塌 | 定性 | 0.090 |
| | D4 地面沉降 | 定性 | 0.090 |
| | D5 施工粉尘和噪音 | 定性 | 0.069 |

续表

| 准则层 | 要素层 | 类型 | 权重 |
|---|---|---|---|
| 利益相关者参与(E)(0.089) | E1 电力短缺 | 定性 | 0.380 |
| | E2 公众理解水平 | 定性 | 0.290 |
| | E3 接受程度 | 定性 | 0.190 |
| | E4 调查反馈 | 定性 | 0.140 |

Liu 等(2013)对可再生能源及水电可持续评价指标进行了梳理，见表3.5。结果表明：社会效益及移民影响、区域经济带动效益及企业财务、环境影响指标是已有相关文献中关注的重点。

**表3.5 能源及水电可持续评价指标**

| 文献来源 | 指标示例 |
|---|---|
| Larson 等，2007 | 单位水库面积装机容量比例($kW/hm^2$) |
| | 年单位水库面积发电比例[$MW \cdot h/(hm^2 \cdot a)$] |
| | 年移民投入发电比例[¥/($MW \cdot h \cdot a$)] |
| Carrera 等，2010 | 发电过程中噪音严重影响的居民的数量 |
| | 群体感知的景观审美下降比例 |
| Onat 等，2010 | 单位发电量投资[$/(kW·h)] |
| | 二氧化碳排放[g/(kW·h)] |
| | 水资源消耗[kg/(kW·h)] |
| | 土地利用($km^2/GW$) |
| Begic 等，2007 | 资源消耗系数(例如燃油材料系数和绝缘材料消耗系数)[kg/(kW·h)] |
| | 环境影响系数(例如二氧化碳和氮氧化物排放系数)[kg/(kW·h)] |
| | 经济系数(例如单位发电量投资)[$/(kW·h)] |
| | 社会系数(例如单位发电量提供就业岗位)[h/(kW·h)] |

### 3.2.3.3 子系统可持续评价指标库

子系统可持续评价指标可用于表征和监测水电可持续发展系统内部社会经济、环境、管理子系统状态，识别水电开发利用活动自身的可持续水平，及其对各子系统可持续发展水平的影响。根据系统论和水电可持续发展概念模型，针对社会经济、环境、管理三个子系统，本书对能源、可再生能源、水电规划、设计、施工、运行阶段可持续评价相关研究中应用的指标进行分类，以服务于子系统可持续评价过

程中指标选取及综合评价指标体系构建，结果见表3.6～表3.8。各子系统评价指标可分为3类：

（1）影响指标：表征水电开发利用对流域生态系统的影响，包括社会影响，例如社会安全、移民等；企业财务成本；生态环境影响，例如水沙情势及河道形态、栖息地及生物多样性、水质、土地利用变化、景观价值改变等。

（2）效益指标：表征水电开发利用对流域生态系统的效益，包括社会效益，例如生活质量改善、教育水平提高、提供就业机会、基础设施建设、人群健康水平提高、社会认可度提升；经济效益，例如水电企业自身经济收益、区域经济带动作用、防洪等水电综合效益；环境效益，例如温室气体减排效益等。

（3）系统状态指标：表征管理子系统状态，间接衡量三个子系统间的协调能力和相互作用，包括政策法规一致性、利益相关方参与、风险管理、项目管理及新技术应用。

**表3.6 社会经济可持续评价指标库**

| 准则层 | 指标层 | 参考文献 |
|---|---|---|
| 社会认可度 | 社会接受度、社会认可度 | Wang 等，2007；Supriyasilp 等，2009；Carrera 等，2010；Ribeiro 等，2011；Kahraman 等，2010；Ferreira 等，2010 |
| 社会安全 | 地区安全、社会冲突、社会凝聚力 | Supriyasilp 等，2009；Kowalski 等，2009；Carrera 等，2010 |
| 生活质量 | 城镇居民人均可支配收入、农民人均纯收入 | Gamboa 等，2007；IHA，2011；Río 等，2009 |
| | 恩格尔系数 | Karakosta 等，2010 |
| | 贫困人口比重 | Río 等，2009 |
| 基础设施 | 人均拥有高等级公路里程、公共区域可达性 | Supriyasilp 等，2009；Carrera 等，2010 |
| 教育水平 | 成人文盲率、小学师生比率、中学入学率、受教育程度、对教育的影响 | Río 等，2009；Assefa 等，2007；Río 等，2009 |
| 人群健康 | 孕妇死亡率、婴儿死亡率、每千人拥有医生数和病床数 | Vera 等，2007；Carrera 等，2010；IHA，2011 |

续表

| 准则层 | 指标层 | 参考文献 |
| --- | --- | --- |
| 就业机会 | 就业率 | Wang 等，2007；Begic 等，2007；Río 等，2009；Karakosta 等，2010；Carrera 等，2010；Gamboa 等，2007；Doukas 等，2007；Streimikiene 等，2010；Río 等，2009 |
| | 失业率、农村劳动力就业比例 | Krajnc 等，2007；Río 等，2009 |
| 移民 | 单位千瓦装机年移民投入 | Larson 等，2007；IHA，2011 |
| 经济效益 | 发电效益 | Río 等，2009；Supriyasilp 等，2009 |
| | 水电综合效益，例如旅游收入等 | Río 等，2009；Supriyasilp 等，2009；IHA，2011；Río 等，2009 |
| 区域经济带动 | 区域经济贡献率 | Wang 等，2007；Doukas 等，2007；Río 等，2009 |
| | 区域产业结构带动作用 | Río 等，2009 |
| 经济成本 | 投资成本、等值年成本 | Begic 等，2007；Wang 等，2007；Supriyasilp 等，2009；IHA，2010；Onat 等，2010 |
| | 运营维护成本、燃料费 | Wang 等，2007；Supriyasilp 等，2009 |
| | 内部收益率、偿还期、净现值、发电成本 | Wang 等，2007；Supriyasilp 等，2009；IHA，2010 |

**表 3.7　环境可持续评价指标库**

| 准则层 | 指标层 | 参考 |
| --- | --- | --- |
| 施工期环境污染 | “三废”排放量 | Wang 等，2007；IHA，2010 |
| | 噪声污染 | Wang 等，2007；Carrera 等，2010；Ribeiro 等，2011；Kowalski 等，2009；Gamboa 等，2007；Ferreira 等，2010 |
| | 空气质量 | IHA，2010 |
| 水沙情势及水资源 | 生态流量、下游水文情势 | Supriyasilp 等，2009；IHA，2010 |
| | 泥沙情势、河道形态 | IHA，2010；Supriyasilp 等，2009 |
| | 河岸坍塌 | Supriyasilp 等，2009 |
| | 水资源利用 | Supriyasilp 等，2009；Onat 等，2010 |

续表

| 准则层 | 指标层 | 参考 |
| --- | --- | --- |
| 生物多样性及栖息地 | 珍稀濒危鱼类及野生生物 | IHA，2010；Ribeiro 等，2011；Ferreira 等，2010 |
| | 栖息地丧失、水土流失 | Supriyasilp 等，2009 |
| 温室气体 | 温室气体排放量、替代能源带来的温室气体减排量 | Wang 等，2007；Onat 等，2010；Begic 等，2007；Gamboa 等，2007；Onat 等，2010 |
| 水质 | 水质 | IHA，2010 |
| 土地利用 | 土地利用、森林覆盖率 | Wang 等，2007；Supriyasilp 等，2009；Onat 等，2010；Carrera 等，2010；Gamboa 等，2007 |
| | 淹没面积比例 | Gamboa 等，2007；Larson 等，2007 |
| 景观 | 景观价值变化 | Carrera 等，2010；IHA，2010；Kowalski 等，2009 |

**表 3.8　管理可持续评价指标库**

| 准则层 | 指标层 | 参考 |
| --- | --- | --- |
| 政策法规一致性 | 合法合规性、政策目标一致性 | Supriyasilp 等，2009；Kahraman 等，2010；Beccali 等，2003 |
| | 政策稳定性 | Wang 等，2007；Carrera 等，2010 |
| | 行政能力 | IHA，2010 |
| 利益相关方参与 | 公众接受度、公众参与程度 | Supriyasilp 等，2009；Carrera 等，2010；Río 等，2009 |
| 风险管理 | 政治/社会/技术风险 | IHA，2010；Carrera 等，2010 |
| | 事故风险特征、事故死亡率 | Carrera 等，2010；Supriyasilp 等，2009；Streimikiene 等，2010 |
| | 运行阶段风险特征 | Carrera 等，2010 |
| | 风险管理要素 | Carrera 等，2010 |
| 项目管理 | 项目综合管理 | IHA，2010 |
| | 安全管理 | IHA，2010 |
| 新技术 | 新技术研发、技术可行性 | Carrera 等，2010；Supriyasilp 等，2009 |

### 3.2.4　水电可持续综合评价指标体系

#### 3.2.4.1　IHA 水电可持续性评估要素

IHA《水电可持续性评估规范》从环境、社会、技术和经济四个方面开展水电可持续性评估。每部分包含数量不等的主题，这些主题表示具体的评价内容（表 3.9）。《水电可持续性评估规范》的评估主题主要关注水电项目的过程控制与项目表现。在过程控制方面，强调决策、实施、运行中的管理（包括综合管理，及环境、社会、财务等专项管理）以及不同利益相关方的广泛参与和有效沟通。IHA 认为，可持续发展是一个极其复杂的问题，要解决好极其复杂问题最有效的方法，就是让社会各界、各个专业人士广泛参与到项目的全生命周期中。而在项目表现方面，则重点关注环境和社会方面的主要问题，包括移民、社区生计、劳工条件、公众健康等社会问题，以及生物多样性、泥沙、水质、水文情势、文化遗产、“三废一声”等环境问题，关注它们是否造成了显著影响。《水电可持续性评估规范》每个评估主题由主题说明、评分方法和评价指南三个部分组成，以指导具体的评估工作。

**表 3.9　　IHA 水电可持续性评估主题**

| ES-前期阶段 | P-项目准备 | I-项目实施 | O-项目运行 |
|---|---|---|---|
| ES-1 必要性论证 | P-1 沟通与咨询 | I-1 沟通与咨询 | O-1 沟通与咨询 |
| ES-2 方案评估 | P-2 管理机制 | I-2 管理机制 | O-2 管理机制 |
| ES-3 政策与规划 | P-3 必要性论证 | | |
| ES-4 政治风险 | P-4 选址和设计 | | |
| ES-5 机构能力 | P-5 环境和社会影响评估及管理 | I-3 环境和社会问题管理 | O-3 环境和社会问题管理 |
| ES-6 技术风险 | P-6 项目综合管理 | I-4 项目综合管理 | |
| ES-7 社会风险 | P-7 水文资源 | | O-4 水文资源 |
| ES-8 环境风险 | | | O-5 资产可靠性和效率 |
| ES-9 经济和财务风险 | P-8 设施安全 | I-5 设施安全 | O-6 设施安全 |
| | P-9 财务生存能力 | I-6 财务生存能力 | O-7 财务生存能力 |

续表

| ES-前期阶段 | P-项目准备 | I-项目实施 | O-项目运行 |
| --- | --- | --- | --- |
| | P-10 工程效益 | I-7 工程效益 | O-8 工程效益 |
| | P-11 经济生存能力 | | |
| | P-12 采购 | I-8 采购 | |
| | P-13 工程影响社区及生计 | I-9 工程影响社区及生计 | O-9 工程影响社区及生计 |
| | P-14 移民 | I-10 移民 | O-10 移民 |
| | P-15 土著居民（少数民族） | I-11 土著居民（少数民族） | O-11 土著居民（少数民族） |
| | P-16 劳工和工作条件 | I-12 劳工和工作条件 | O-12 劳工和工作条件 |
| | P-17 文化遗产 | I-13 文化遗产 | O-13 文化遗产 |
| | P-18 公众健康 | I-14 公众健康 | O-14 公众健康 |
| | P-19 生物多样性和入侵物种 | I-15 生物多样性和入侵物种 | O-15 生物多样性和入侵物种 |
| | P-20 泥沙冲刷和淤积 | I-16 泥沙冲刷和淤积 | O-16 泥沙冲刷和淤积 |
| | P-21 水质 | I-17 水质 | O-17 水质 |
| | | I-18 废弃物、噪声和空气质量 | |
| | P-22 水库规划 | I-19 水库蓄水 | O-18 库区管理 |
| | P-23 下游水文情势 | I-20 下游水文情势 | O-19 下游水文情势 |

《水电可持续性评估规范》第一部分针对水电工程的规划阶段，主要评估水电项目开发的必要性、可行性以及相关的风险问题，主要考虑能源、水资源和区域发展对水电开发的需要，对各种能源形式和开发方案进行比选，并且分析国家和地区政策对水电开发的影响以及主要风险问题。此阶段的评估主题主要针对某项水电项目是否可以立项。

《水电可持续性评估规范》第二部分针对水电项目准备阶段进行评估，其内容主要包括工程设计和咨询工作的全面性及有效性，这些工作涵盖了水电项目技术、经济、环境和社会问题的主要方面。此阶段的评估主题用于确认水电项目是否可以开始施工。

《水电可持续性评估规范》第三部分针对水电项目的施工阶段，主要评估水电项目施工过程中建设、移民、环境和管理计划的执行情况。此阶段的评估主题关注各项计划的执行情况，并且包含了一些工程建设阶段特有的内容。

《水电可持续性评估规范》第四部分针对水电项目的运行阶段，主要评价项目运行过程中的经济、环境和社会问题。由于项目已经建成运行，因此第四部分的评估主题更加关注水电项目在运行过程中表现出来的实际效果。

#### 3.2.4.2　ICPDR 多瑙河流域可持续水电发展指标体系

针对多瑙河流域，ICPDR 提出了国家和区域层面可持续水电指标体系（表 3.10），用于从环境角度开展水电开发规划替代方案评价，以防止水电站规划选址不当。该指标体系综合考虑了能源管理、环境和景观 3 方面指标，并以关注生态影响及生态价值的环境和景观指标为主。

**表 3.10　ICPDR 国家（区域）层面可持续水电指标体系**

| 分类 | 指标 | 指标描述 |
|---|---|---|
| 能源管理 | 水能源资源开发潜力 | 水头发电量与流量发电量之间的比例［GW·h/(TW·h)］ |
| 环境 | 天然状况 | 干流/水体的水文、河道形态、泥沙、生物群落状态与天然河流的差异 |
|  | 水体稀缺性及生态价值 | 河流类型的稀缺性，河流生态价值及敏感性 |
|  | 流域、子流域、河道的生态结构及功能 | 河流生态系统中鱼类栖息地的敏感性和价值等 |
|  | 自然保护区 | 例如欧盟自然 2000 保护地（鸟类和栖息地），UNESCO 生物保护区等 |
| 景观 | 天然状况 | 无显著人类影响 |
|  | 多样性 | 广泛使用的陆生生态系统（施肥较少的小的农田和可持续的森林等）；不同土地利用方式 |
|  | 景观风景 | 例如美学价值，较高建筑价值及历史价值等 |
|  | 娱乐价值 | 旅游及娱乐，宿营地等 |
|  | 文化遗产 | 历史建筑、村庄或城镇等，传统手工艺或栽培方法等 |
|  | 空间规划 | 不同区域及其用途的法律规定 |

ICPDR 提出了多瑙河流域项目层面可持续水电指标体系（表 3.11），用于衡量水电站设计和运行带来的社会、经济、环境效益和影响。与国家和区域层面可持续水电指标体系（表 3.10）相比，项目层面可持续水电指标体系偏重施工与运行阶段水电站管理，与区域社会、经济、生态环境相关的综合效益及影响。

**表 3.11　　ICPDR 项目层面可持续水电指标体系**

| 分类 | 指标 | 指标描述 |
|---|---|---|
| 能源管理 | 水电站规模 | 装机容量 |
| | 水电站类型 | 例如径流式、蓄水式、抽水蓄能 |
| | 供电安全 | 能源供应及生产 |
| | 供电质量 | 生产特征：基础负荷/峰值负荷（蓄水选择，抽水蓄能） |
| | 对全球气候保护的贡献 | 在多种能源供给中较低的二氧化碳排放 |
| | 技术效率 | 电网连接、水能资源潜力利用、工厂规模 |
| 环境与水管理 | 项目生态影响 | 纵向、横向、垂向连接性，在现有影响基础上项目产生的对栖息地和生物的影响 |
| | 洪水控制 | 洪水风险保护，流量过程变化 |
| | 灌溉 | 对灌溉用水的有利和不利影响 |
| | 泥沙管理 | 水库淤积，推移质输沙，底泥污染等 |
| | 地表和地下水量 | 渗漏，最小生态流量 |
| | 地表和地下水水质 | 营养物，难降解有机物，有毒物质，热污染 |
| | 饮用水供应 | 对饮用水水质及安全供应的有利及不利影响 |
| | 河岸带保护和修复 | 河岸侵蚀 |
| | 渔业 | 确保鱼类自然繁殖和鱼类迁徙 |
| | 对全球气候变化的影响 | 改变流量过程，影响项目经济可行性 |
| | 对修复水体的影响 | 公众付费修复的水体可能再次受影响 |
| 社会经济 | 符合区域规划 | 与当地法规一致性 |
| | 基础设施建设和运行的必须性 | 电网可接入，电网建设等 |
| | 区域经济影响 | 税收，收入，当地经济投资，就业 |
| | 娱乐和旅游 | 对旅游的潜在有利和不利影响 |
| | 其他社会政治考虑 | 依赖于当地状况 |

### 3.2.4.3　水电可持续评价综合指标体系

（1）构成原则及方法。综合指数的优势在于方便管理、易于跟踪。但是，综合指数通常覆盖了单一指标代表的大量信息，用户难以理解综合指数量值变化的物理含义。因此，综合指标体系与综合指数的联合应用，即可反映综合指数的具体组成，也可用于考察各指标之间的关系及其对综合指数的影响。

水电可持续综合评价指标体系可用于现状评价、筛选管理替代方案、追逐管理决策效果及评判管理目标的可达性和完成性。指标选取的准确性决定了构建的指标体系能否准确衡量流域生态系统状态，以及能否正确反映水电可持续水平和趋势，这对于管理和决策至关重要。

一般来讲，在水电管理决策过程中需要采用指标体系反映与可持续发展相关的社会、经济和环境问题。有关社会、经济、生态环境评价指标众多，综合指标体系中的每一指标，不需要满足全部水电可持续发展标准，最有效的方式是采用少量关键指标，覆盖大多数重要的水电可持续关键问题，并可用于衡量流域/区域层面水电可持续水平。

流域生态环境及社会经济状况评价是个复杂过程，尚无统一的单一指标表征流域复合系统及各子系统内部的状态及水平。如果考虑流域内各子系统与水电开发及生产之间的相互作用，用于表征流域复合生态系统影响的水电可持续评价指标选取的难度将进一步增大。水电可持续评价综合指标体系的构建，不仅要求所选指标对水电项目开发及运行相关且敏感，选定的指标必须符合流域实际情况。

文献调研、专家访谈、头脑风暴法、利益相关方参与四种方法可用于构建水电可持续综合评价指标体系。前文所述IHA水电可持续性评估要素，ICPDR多瑙河流域可持续水电评价指标体系，流域社会、经济、环境子系统可持续评价指标可为中国水电可持续评价综合指标体系的构建提供基础信息。

（2）运行阶段水电可持续评价指标体系。我国水能资源丰富，技术可开发装机容量及发电量潜力分别为6.6亿kW和29785亿kW·h。截止2015年底，中国水电的装机容量为3.19亿kW，发电量为11143亿kW·h，水能资源开发利用率为37.4%（按发电量计算）。水电建设项目规划、设计、施工阶段管理相对完善，涉及能源、水电建设、安全管理、征地补偿及移民安置等多部门相关法律、法规及政策性文件。但是，运行阶段水电站管理相对薄弱，除安全管理、项目后评价

和环境管理以外，能源行业管理手段相对较少。亟须针对运行期我国水电站特点和西南流域特征，建立水电可持续评价指标体系，为运行期水电行业管理提供技术支撑。

本书综合应用文献调研、头脑风暴法、利益相关方参与等方法，借鉴IHA水电可持续性评估要素（表3.9）、ICPDR多瑙河流域可持续水电评价指标体系（表3.11）及流域社会、经济、环境子系统可持续评价指标成果（表3.6～表3.8），构建了运行期中国水电可持续评价指标体系，见表3.12。

**表3.12　　中国水电可持续评价指标体系（运行期）**

| 目标层 | 准则层 | 主题层 | 指标层 |
|---|---|---|---|
| 中国水电可持续评价指数 | 社会经济（SE） | 社会经济效益 | SE1：水电带动当地人均年GDP变化率，% |
| | | | SE2：水电带动农民人均纯收入年变化率，% |
| | | | SE3：就业机会，人/MW |
| | | | SE4：水电综合利用效率，% |
| | | 移民 | SE5：移民年均收入占区域人均收入的比重，% |
| | 环境（EN） | 水文及水环境 | EN1：下游生态流量保证率，% |
| | | | EN2：富营养化比例，% |
| | | 生物多样性 | EN3：运行前后珍稀濒危鱼类种类变化率，% |
| | | | EN4：运行前后河岸带珍稀濒危植被种类变化率，% |
| | | 生态效益 | EN5：运行阶段单位发电量GHG排放量 t $CO_2$/(GW·h) |
| | | | EN6：生态影响与生态价值的比率，% |
| | 管理（MA） | 企业盈利及资本返还 | MA1：资产报酬率（ROA），% |
| | | | MA2：销售收入增长率，% |
| | | 企业运行管理 | MA3：水能利用提高率，% |
| | | | MA4：弃水率，% |
| | | 环境保护措施运行管理 | MA5：环保设备利用率，% |
| | | 人力资本管理 | MA6：大学本科及以上学历职工占比，% |
| | | 政策法规一致性 | MA7：企业经营管理与相关法律、法规、政策性文件的一致性 |

# 3.3　评价标准

## 3.3.1　制定原则

我国 67％的水能资源分布于西南、北部和西北地区。未来水电建设和运行管理以西南大江大河为主。本书针对运行期水电可持续评价每个指标（表 3.13），根据国际及国内文献、全国或水电行业平均值、西南流域特征及指标物理学意义，确定了各指标的最大值、最小值和可持续标准，结果见表 3.13。

**表 3.13　　中国水电可持续评价指标标准（运行期）**

| 准则层 | 主题层 | 指标层 | 最小值 | 最大值 | 可持续 |
|---|---|---|---|---|---|
| 社会经济(SE) | 社会经济效益移民 | SE1：水电带动当地人均年 GDP 变化率，％ | 0 | 5 | 0 |
| | | SE2：水电带动农民人均纯收入年变化率，％ | 0 | 5 | 0 |
| | | SE3：就业机会，人/MW | 0 | 5 | 1.94 |
| | | SE4：水电站综合利用效率，％ | 0 | 100 | 50 |
| | | SE5：农村移民人均纯收入占同期全国农村人均纯收入的比例，％ | 0 | 100 | 76 |
| 环境(EN) | 水文及水环境 | EN1：下游生态流量保证率，％ | 0 | 100 | 60 |
| | | EN2：库区富营养化比例，％ | 0 | 100 | 50 |
| | 生物多样性 | EN3：运行前后珍稀濒危鱼类种类变化率，％ | 0 | 150 | 100 |
| | | EN4：运行前后河岸带珍稀濒危植被种类变化率，％ | 0 | 150 | 100 |
| | 生态效益 | EN5：单位发电量温室气体放量，t $CO_2$/($10^6$kW·h) | 3.7 | 237 | 41 |
| | | EN6：水电站生态影响与生态效益的比值，％ | 50 | 100 | 78 |

续表

| 准则层 | 主题层 | 指标层 | 最小值 | 最大值 | 可持续 |
|---|---|---|---|---|---|
| 管理(MA) | 企业盈利及资本返还 | MA1：资产报酬率（ROA），% | 0 | 10 | 5 |
| | | MA2：销售收入增长率，% | 0 | 60 | 20 |
| | 企业运行管理 | MA3：水能利用提高率，% | −20 | 20 | 0 |
| | | MA4：弃风率，% | 0 | 20 | 4 |
| | 环境保护措施运行管理 | MA5：环保设备利用率，% | 0 | 100 | 60 |
| | 人力资源管理 | MA6：大学本科及以上学历职工占比，% | 0 | 100 | 50 |
| | 政策法规一致性 | MA7：企业经营管理与相关法律、法规、政策性文件的一致性 | 不一致 | 一致 | 基本一致 |

### 3.3.2 社会经济子系统

运行期水电可持续综合评价指标体系中，社会经济子系统包括5个指标。根据文献（吴世勇等，2010；夏庆杰等，2012；周睿萌等，2015），指标“水电带动当地人均年GDP变化率”的最小值、最大值和可持续标准分别为0、5%和2%。参考前人研究成果（赵蓉等，2013），指标“水电带动农民人均纯收入年变化率”的最小值、最大值和可持续标准分别取值0、5%和0。已有研究表明，单位装机水电站建设和运行可提供5个就业机会（Hassan等，2013），因此，指标“就业机会”的最大值和最小值分别取0和5人/MW。根据全国2005—2011年水电装机及从业人数核算，平均值为1.94人/MW，本书将其作为指标“就业机会”的可持续标准。研究表明：随着移民生产生活条件得到改善，收入水平不断提高，农村移民人均纯收入占同期全国农村人均纯收入的比例，已由2004年的53%提高到2012年的76%（唐传利，2014）。本书将指标“移民年均收入占区域人均收入的比值”的最小值、最大值和可持续标准分别为0、100%和76%。

### 3.3.3 环境子系统

运行期水电可持续综合评价指标体系中，环境子系统包括6个指标。指标“下游生态流量保证率”为一年内满足生态流量的天数占全年 365 天的比例。该指标的最小值、最大值和可持续标准参考已有研究成果分别取值为 0、100%和 60%（赵蓉等，2013）。水库富营养化评价方法见《地表水环境质量标准》（GB 3838—2002）。指标“库区富营养化比例”的最小值、最大值和可持续标准分别取值为 100%、0 和 50%。Varun 等（2009）研究表明，水电全生命周期 GHG 排放量为 3.7～237g 二氧化碳当量/(kW·h)，平均值为 41g 二氧化碳当量/(kW·h)（Evans 等，2009），因此，这 3 个值分别作为指标“单位发电量 GHG 排放量”的最小值、最大值和可持续标准。Wang 等（2010）研究表明，水电站不利影响与正面效益的比值在 64.09%和 91.18%之间，平均值为 77.64%。因此，本书将指标“水电站生态影响与生态效益的比值”的最小值、最大值和可持续标准分别取值为 0、100%和 78%。根据已有数据，指标“珍稀濒危鱼类种类变化率”和“河岸带珍稀濒危植被种类变化率”的最小值、最大值和可持续标准分别取值为 150%、0 和 100%。

### 3.3.4　管理子系统

运行期水电可持续综合评价指标体系中，管理子系统包括 7 个指标。根据中国经济导报研究成果（2010，2015）中国水电企业资产报酬率平均为 5%，最大值为 9.7%。因此，指标“资产报酬率”的最小值、最大值、可持续标准分别取值 0、10%和 5%。参考已有研究成果（赵蓉等，2013），指标“销售收入增长率”的最小值、最大值和可持续标准分别为 0、100%和 60%。水能利用提高率是评价水电站运行调度效率的有效指标（张卫国等，2012）。根据文献（吴文慧等，2015），这个指标的最小值和最大值分别取值−20% 和 20%，可持续标准设定为 0。参考指标“下游生态流量保证率”的边界和可持续标准，指标“环境保护设施利用率”的最小值、最大值和可持续标准分别取 0、60%和 100%。人力资源管理水平通过企业大学本科及以上学历职工人数占全体职工比例进行评价。这个指标的可持续标准设为 50%（Hassan 等，2013），最小值和最大值为 0 和 100%。电网调度过程中，全球可再生能源弃风/光率不超过 4%（Golden，Paulos，2015），因此，弃水率可持续标准为 4%。根据国家能源局数据，经核算，西南地区水电站弃水率的最小值和最大值设定为 0 和 20%。

# 3.4 评价方法

## 3.4.1 子系统评价工具箱

为了识别和选择评价工具，首先需要按照水电可持续发展三维结构对各种评价方法进行分类，针对不同子系统选取不同工具。考虑到三维结构中的联系和相互作用，有些评价工具可能涉及多维结构中的不同维度。本书收集整理了可用于社会经济、环境及管理子系统分析的研究方法。这些方法已在相关领域应用，并在相关书籍及科技文献中详细介绍，本书谨做概括性介绍。但是，本书所列出的方法，并不是水电可持续评价和各子系统分析评价的全部方法。在实际工作中，可根据水电项目特点和研究方法的改进创新，将新方法纳入水电可持续评价。由于水电可持续系统及水电项目对其影响的复杂性，评价过程中可首先从三维结构中选择对应单一子系统的评价方法，并尝试识别对应多个维度的评价方法，以实现方法集简化。

### 3.4.1.1 社会经济子系统

1. *社会学方法*

社会学方法涵盖社会影响评价、社会效益分析、健康影响评价等内容，主要包括社会调查方法、访谈和参与式评估。

问卷调查法是一种以书面提问方式调查社会信息的方法，也是社会调查中的定量方法。问卷调查法要求全体被调查者按调查者事先设计好的问题和格式回答所有同样的问题，是一种标准化调查。问卷调查所获得的社会信息易于定量，便于对比。实物指标调查是移民安置规划中的采用的重要方法。

访谈法是一种直接的社会调查法，是以调查者与被调查者面对面交谈来了解社会信息的方法，适用于调查人们对项目的态度，分为个别访谈法和集体访谈法。访谈法可用于社会影响、社会效益及移民安置效果分析及评价。

参与式评估是调查期望、态度和偏好的一种重要方法。参与式评估的核心是面谈和小组讨论，而不是使用正式的调查表，访谈者利用一系列需要讨论的主题来指导参与式评估，不能被列入到普通的问卷调查中的敏感话题可以通过直接访谈的方式加以讨论。访谈类型应根据调查主题的不同而有所变化。个人访谈可用来讨论敏感话题和个人问题，而集体讨论则应该关注共同关心的话题。

2. 经济学方法

（1）规模经济和范围经济。任何一个国家的物质服务产品生产大都是由各行各业的企业进行的。对于大多数行业的企业来说，其边际生产成本与生产规模是一条倒“U”形曲线，即：当企业生产到达一定规模之后，边际生产成本随生产规模的扩大而上升。但也有一些行业的边际企业生产成本不仅不会随着企业生产规模的扩大而上升，反而会随着企业生产规模的扩大而不变甚至下降，形成规模经济，经济学家把这种现象称为“自然垄断”。自然垄断行业的特征是规模巨大、投资巨大、投资建设周期长、专业技术程度高，因而其资本一旦投入就会形成大规模的“沉淀成本”即提供每个单位产品的固定成本很高，进而形成维系自然垄断存在和阻碍其他企业进入的投资壁垒。

范围经济是指当一个企业从专攻一种产品转而生产多种产品，即当企业的生产经营范围扩大的时候，平均成本下降这种经济现象(Panzar 等，1977)。换句话说，由一家企业提供多种产品或服务要比由多家企业分别提供具有更低的成本。从供给来看，范围经济本质上来源于对企业剩余资源的充分利用。这些剩余资源或者闲置资源可以为企业的生产经营活动提供一种外在经济。除有形资源以外，范围经济还来源于管理能力等无形资源的充分利用，如技术和管理诀窍、经营管理能力（即企业家才能），企业营销、分配和服务系统，企业品牌等的充分利用，以及外部交易内部化等。

根据自然垄断理论，电力行业被认为是自然垄断行业，其在经济活动中完全体现了自然垄断行业在生产成本不随企业规模不断扩大而增加及其它自然垄断特征，如规模经济、范围经济和固定成本沉淀性等鲜明的特点和因素。而从电力企业的典型特征机组规模、工厂规模以及企业规模等来看，发电领域有着较为明显的规模经济效应。

（2）财务分析方法。财务分析是以会计核算和报表资料及其他相关资料为依据，采用一系列专门的分析技术和方法，对企业等经济组织过去和现在有关筹资活动、投资活动、经营活动及分配活动的盈利能力、营运能力、偿债能力和增长能力状况等进行分析与评价的经济

管理活动。其中，盈利能力的提高与保持是整个企业存在与发展的根本目标，偿债能力是企业实现财务目标的稳健保证，运营能力是企业财务目标实现的物质基础，而发展能力则是对企业财务目标的未来发展趋势的预测。杜邦分析方法主要利用各个关键财务比率之间的内在联系，对公司财务状况和经营成果进行综合评价。应用杜邦分析方法可对水电企业的财务状况进行综合评价。

盈利能力是指企业获取利润的能力，表现为企业在一段时期内获得收益水平的高低。公司利润是股东取得回报、债权人得到利息收入的资金保障，是管理层绩效考核的重要指标。盈利能力是企业各利益方权益实现的基础，主要通过对资产报酬率、成本费用利润率和销售利润率三大指标分析。

偿债能力是指企业对到期债务的偿还能力。通过偿债能力财务指标的分析，可以及时发现公司经营中存在的风险并采取相应的措施来改善公司的融资结构，提升其偿债能力。企业偿债能力可通过对资产负债率、流动比率、现金流动债务保障率和现金流利息保障率四大指标衡量。

企业运营能力是指企业运用资产、管理资产并创造价值的能力，反映了资产运营的效率和效益。资产运营效率主要是指资产的周转速度，资产周转的速度越快，效率越高。资产运营效益则是指其产出额与资产占用额之间的比率，比率越高，效益越高。通过企业的资产运营能力分析，找出公司在资产配置方面存在的问题，改善资本结构，提高企业的资产运营能力，这对企业的发展都有重要意义。企业运营能力可通过对流动资产周转率、应收账款周转率和存货周转率三大指标分析。

发展能力是指企业通过自身的生产经营活动，不断积累而形成的发展潜能，是对企业财务目标的未来发展趋势的预测。可从资产增长率、销售收入增长率和利润增长率三个指标出发，通过分析企业资产、销售收入和利润等方面的增长态势，对其未来的发展能力进行预测。

杜邦分析以权益收益率为核心，通过财务指标的内在联系，系统、综合地分析企业的盈利水平。如图3.2所示，杜邦分析主要利用各个关键财务比率之间的内在联系，对企业财务状况和经营成果进行综合评价。它是以权益净利率为龙头，以资产净利率和权益乘数为核心，重点揭示了企业获利能力以及权益乘数对权益净利率的影响，并反映了各相关指标之间的相互作用关系。根据权益乘数的分解图示，可以从权益乘数、税收负担、利息负担、销售利润率和资产周转率五个方面对企业权益收益率进行杜邦分析。

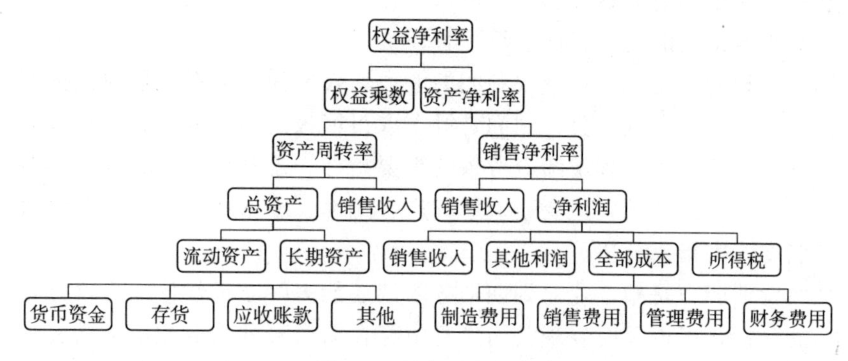


图 3.2　杜邦分析框架

成本效益分析是通过比较项目的全部成本和效益来评估项目价值的一种方法，成本效益分析作为一种经济决策方法，将成本费用分析法运用于管理决策之中，以寻求如何以最小的成本获得最大的收益。成本效益分析也可用于水电企业可持续评价，为管理者提供定量的管理决策依据。

（3）计量经济学方法。计量经济学方法以一定的经济理论和统计资料为基础，综合运用数学、统计学方法，通过建立经济计量模型，定量分析具有随机性特性的经济变量关系。计量经济学方法可用于定量分析水电站对区域社会经济的带动作用。例如，Cobb－Douglas 生产函数可用于分析水电站对当地 GDP、地方财政、人均收入等社会经济指标的影响。

（4）绿色会计。绿色会计又称环境会计，它是以货币为主要计量单位，以有关法律、法规为依据，计量、记录环境污染、环境防治、环境开发的成本费用，同时对环境的维护和开发形成的效益进行合理计量，从而综合评估环境绩效及环境活动对企业财务成果影响的一门新兴学科。绿色会计可反映社会经济及环境两个子系统，它试图将会计学与环境经济学相结合，通过有效的价值管理，达到协调经济发展和环境保护的目的。因此，绿色会计可用于水电可持续评价。

#### 3.4.1.2 环境子系统

1. 河流及流域尺度评价方法

(1) 生态环境影响评价方法。在河流廊道尺度上，水电站开发及运行对河流生态环境的影响，主要体现在筑坝对水文情势、水质、水温、水生生物以及河岸带的影响。梯级水电站可持续，主要表现在生态保护对象是否受到了保护、敏感生态目标所受的影响是否可接受、电站施工及运行期生态环保工作是否符合国家法律、法规、规章、规范的要求等方面。因此，在河流廊道尺度对水电梯级开发进行生态学评价时，大体可沿用环境影响评价和环境影响后评价的方法体系。通过评价水电站对环境保护目标和生态敏感目标影响以及环境保护措施的有效性，评价水电站开发与运行对河流及流域的影响。此外，除了传统环境影响评价和环境影响后评价方法，环境风险、生态足迹、低影响水电指标体系、绿色水电指标体系及标准等也可用于河流廊道尺度水电站的生态环境影响评价。

(2) 河流生态系统服务价值核算方法。河流生态系统服务价值核算涉及社会经济及环境两个子系统，是指河流生态系统与河流生态过程所形成及所维持的人类赖以生存的自然环境条件，并供应人类生活生产的生态系统产品，包括供给功能、调节功能、文化功能和支持功能四种。生态价值是以货币的形式表达的河流生态系统服务。生态系统服务及生态价值核算可用于河流及流域尺度水电站社会、经济和生态环境效益分析，包括天然状况大尺度生态系统整体水平及功能评价，以及人为干扰前后生态系统功能变化。

2. 全球尺度评价方法

水库温室气体排放包括水库自然排放、水轮机和溢洪道、大坝下游河流3个途径（赵小杰等，2008）。同时，水电可作为火电替代能源，具有温室气体减排作用（隋欣等，2010）。通过对水电站碳排放强度及替代能源减排效果分析，可反映水电对全球可持续发展的贡献。

生命周期分析（Life Cycle Analysis，LCA）是一种用于评价产品在其整个生命周期中，即从原材料的获取，产品的生产、使用直至产品使用后的处置过程中，对环境产生的影响的技术和方法。水电项目生命周期包括工程建设期、电站运行期及大坝废弃处置期。水电作为电力能源的一种方式，运用生命周期分析方法，可对水电企业全产业链温室气体排放进行详细核算，核算过程包括原材料获取、水电站

建设、发电及电力输送。

（1）生命周期碳排放研究方法。首先，建立水电项目的生命周期流程图，列出在整个生命周期中所涉及的过程和各过程中产生碳排放的全部因素。水电项目全生命周期中与碳排放相关的环节可以概括为：材料生产—材料运输—建设施工—运营管理—固废运输—固废处理，见图 3.3 所示。

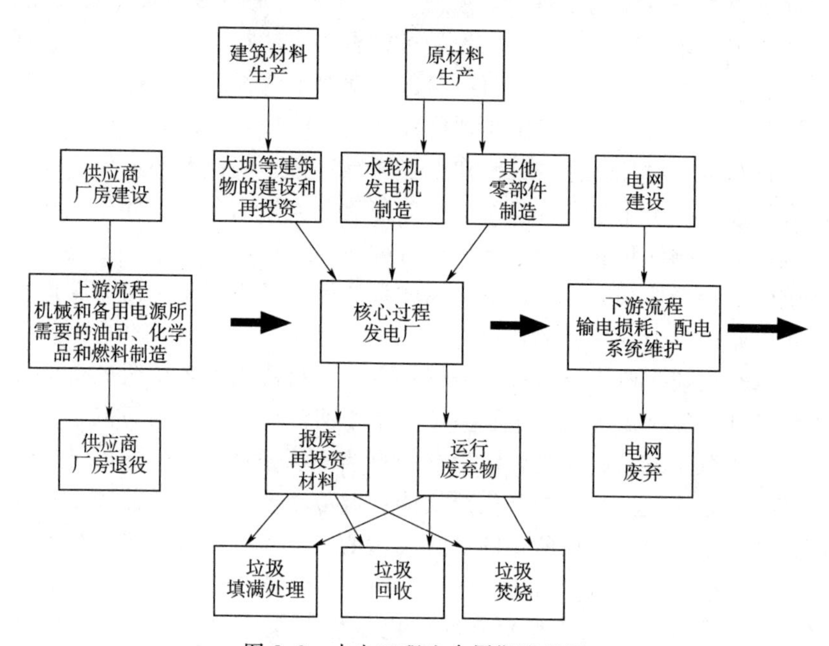

图 3.3　水电工程生命周期流程图

其次，确定组织边界和营运边界。组织边界主要是指从企业集团的角度着眼，要涵盖企业旗下子公司、转投资公司、合资企业等各独立法人或非法人机构。营运边界主要在于区别排放源是直接排放还是间接排放。在水电项目的全生命周期中，二氧化碳的直接排放来自于工程建设期的建筑材料、装备等运输过程中的排放、土石方开挖过程中机械设备动力排放及开挖时爆破等产生的排放，以及工程运行期的水库的温室气体排放；间接排放主要源于建筑材料、机械及机电设备的生产、废弃物处理等过程引起的排放。一些可能产生排放的过程如员工通勤、差旅等由于数据的不可获得性，可忽略不计。另外，某些碳排放小于总碳足迹 1% 的生命周期过程由于其对碳排放贡献很小，可不作为核算重点。

再次，收集数据并计算。通常要收集的数据包括产品生命周期涵盖的所有物质和活动及相关的碳排放因子，通过排放系数法及质量平衡法对排放量进行量化计算。数据应尽量是初级数据，保障计算结果的科学性。

最后，审核及不确定性分析。这一步骤用来检测碳足迹计算结果的准确性，并使计算结果的不确定性降至最低。

（2）水电站替代能源温室气体减排效益估算。温室气体减排计算方法包括水电站温室气体减排的排放系数法和基准线法（隋欣等，2010）。基准线法和排放系数法的基本原理是通过计算相同发电量燃煤发电的二氧化碳排放量衡量水力发电的减排效应。

基准线法采用清洁发展机制（CDM）提出的燃煤电厂温室气体排放量方法，具体碳减排效益的计算公式如下：

$$ER=10^6\times EF\times EG \tag{3.1}$$

式中：$ER$ 为计算的燃煤发电量排放的二氧化碳，t，即相同电量下水电二氧化碳的减排量；$EG$ 为上网电量，10 亿 kW·h；$EF$ 参考文献取值 1.03kg 二氧化碳/kW·h（Hou 等，2012）。

排放系数法用于火电生产过程中二氧化碳排放量，计算公式为：

$$W_{CO_2}=Q\times E_{ce}\times EF \tag{3.2}$$

式中：$W_{CO_2}$ 为计算的水力发电二氧化碳的减排量，t；$Q$ 为发电量，亿 kW·h；$E_{ce}$ 为供电煤耗，取 2005 年国家电网公司的公布值，34300t 二氧化碳/(亿 kW·h)；$EF$ 为标准煤的二氧化碳排放系数，取国家发改委的公布值，2.5t 二氧化碳/ t 标准煤。

#### 3.4.1.3 管理子系统

（1）现代企业制度。现代企业制度理论是指以完善的企业法人制度为基础，以有限责任制度为保证，以公司企业为主要形成，以产权清晰、权责明确、政企分开及管理科学为条件的新型企业制度，其主要内容包括：企业法人制度、企业自负盈亏制度、出资者有限责任制度、科学的领导体制与组织管理制度。现代企业制度可用于水电企业管理水平分析与评价。

（2）科层管理。科层制是一种主要依赖于命令的治理机制，在等级分明的层级中，上下级之间是控制与被控制的关系，纵向命令关系，上级强制下级执行命令来协调各方的行动。理想的科层制通过一整套的规章制度和一个完整的监督的等级系统来限制理性决策的分散，即用集中决策、人为设计及分层管理的科层组织取代分散决策、自发形成及自由竞争的市场体系。要求企业的每一个个体通过理性的追求去实现企业的整体目标，提高整个企业的运行效率。科层制可用于水电企业内部管理效率分析与评价。

（3）边际效应理论。在制度和技术达到一定水平且给定的情况下，不断增加的资金投入是用于购买机械设备还是用于企业员工培训，其投入—产出的效果是不同的。在其他条件不变的情况下，不断增加机械设备等固定资产的投入，其边际收益会在达到一定高度后转为下降。与此不同，如果不断增加企业员工智力和能力的投资，即将企业资本更多地转化为人力资本，那么，虽然这种投资的边际成本也会有所上升，但其边际收益上升的幅度会更大，投资的边际收益呈持续递增。边际效应可用于水电企业管理效果分析。

### 3.4.2　水电可持续综合评价方法

#### 3.4.2.1　综合评价方法综述

水电可持续评价的目标是通过评价水电项目对流域生态系统的影响，指导管理决策过程。因此，水电可持续综合评价是以水电可持续系统三维子系统影响为基础，应用少量关键指标，评价水电项目全部重要影响。

能源（水电）行业综合评价方法包括成本效益分析、能源投资回报率方法、模糊综合评价方法和多准则分析方法等。能源投资回报率方法主要应用于多种发电方式之间的比较分析（De Mora等，2012）。模糊综合评价多用于不同能源开发替代方案之间的筛选排序（Varun等，2010）。成本效益分析是传统的经济评价方法，可定量核算建设项目或政策带来的影响及效益，但针对无法货币量化的宏观生态环境及社会影响与效益难以应用。多准则分析侧重于对不同群体的相对优先性赋予权重，可应用不同量纲单位度量指标，涵盖定量、定性和半定量多种形式评价标准，是国际上应用较为普遍的能源综合评价工具（Wang等，2009）。

与其他综合评价方法相比，多准则分析具有下列优势（Munda，2006；Stagl，2007）：①可针对具有相互冲突的有限（无限）方案进行评判、排队和选优；②可提供一致性评价成果，集成项目的多种影响和效益；③具有多目标特征，可综合采用多学科评价指标、标准和方法；④可涵盖定量、定性及半定量指标，同时处理定性及定量信息及

数据；⑤根据各评价指标的重要性赋以权重。

多准则分析方法已广泛应用于能源生产技术筛选、排序及评价（Bucholz 等，2009；Kahraman 等，2009；Turcksin 等，2011；Sultana 等，2012；Maximum，2014）。多准则分析方法也应用于水电项目替代方案的筛选。Suprivasilp 等（2009）应用多准则分析方法针对泰国湄南河流域装机容量大于 100kW 电站的影响及效益进行分析，选取的指标包括发电技术、工程、经济、社会、环境和公众参与。Vucijak 等（2013）应用多准则分析方法评价了水电站选址、电站技术及运行参数选择。

鉴于多准则分析方法的优势和已有研究成果，本书尝试采用这种方法开展中国水电可持续综合评价。

#### 3.4.2.2 指标标准化方法

中国水电可持续综合评价指标体系见表 3.12 和表 3.13。应用多准则分析方法，首先需对评价指标进行标准化，转化为无量纲数值，用于中国水电可持续综合指数计算。

（1）正向指标。指标值与水电可持续水平呈正相关关系，呈单增分布，即指标值越高，水电可持续水平越高。

（2）负向指标。指标值与水电可持续水平呈负相关关系，呈单减分布，即指标值越高，水电可持续水平则越低，运行期水电可持续综合评价指标体系中，3 个指标“单位发电量 GHG 排放量”“生态影响与生态价值的比值”“弃水率”属于负向指标。

数据预处理公式如下：

正向指标：
$$NI = \frac{AI - LTI}{HTI - LTI} \tag{3.3}$$

逆向指标：
$$NI = \frac{HTI - AI}{HTI - LTI} \tag{3.4}$$

式中：$NI$ 为指标预处理之后的值；$AI$ 为指标原始值；$LTI$ 为指标最小值；$HTI$ 为指标最大值。

应该标准化后，各指标转化为 0 与 1 之间无量纲数值。将各指标的可持续标准值（UTI）作为指标原始值，代入式（3.3）和式（3.4）计算后为各指标标准化后无量纲可持续标准。

#### 3.4.2.3 指标权重确定方法

能源可持续评价中，多准则分析指标权重确定方法包括主观权重、客观权重和组合加权 3 类，具体权重确定方法见表 3.14。其中，层次分析法（Analytic Hierarchy Process，AHP）是最常用的权重确定方法。

**表 3.14　　指标体系权重确定方法清单**

| 类别 | 权重确定方法 |
| --- | --- |
| 主观权重 | 多属性评级技术、摆动方法、权衡法、西莫斯法、成对比较法、层次分析法、最小二乘法、特征向量法、德尔菲法、矩阵分析法 |
| 客观权重 | 加权分析法、最小均方法、最大最小偏差法、熵值法、垂直和水平法、变异系数法、多目标优化方法、相关系数法、主成分分析法 |
| 组合权重 | 乘法合成法、添加合成法 |

层次分析法是由美国著名运筹学家萨蒂（Satty，1980）提出的一种多目标、多准则的决策方法。该方法通过整理和综合专家的经验判断，将专家们对某一事物的经验判断进行量化，是目前处理定性和定量相结合问题的比较简便易行又行之有效的一种系统分析方法。其基本原理是将要识别的复杂问题分解成若干层次，由有关专家对每一层次上的各指标通过两两比较相互间重要程度构成判断矩阵，通过计算判断矩阵的特征值和特征向量，确定该层次指标对其上层要素的贡献率，最后通过层次递阶技术，求得基层指标对总体目标而言的贡献率。层次分析法在进行指标权重分析中具有重要作用，它通过多层次分别赋权，可避免主观性与大量指标同时赋权的混乱与失误，有利于提高预测及评价的简便性和准确性。

应用层次分析法赋权的基本步骤如下：

（1）建立层次递阶结构。层次递阶结构是对系统认识的一种方法。每一层次的指标对上层指标的贡献都是一种网络递阶关系，使得在计算底层指标对总目标的贡献时，不能采取简单加和的方式，而必须依循网络递阶的规律，从全部层次的角度作系统加和。运行阶段中国水电可持续综合评价层次递阶图见图 3.4。

（2）构造判断矩阵。层次结构模型确定了上下层元素间的隶属关系，这样就可依据同一层次的各项指标或因子的相对重要性程度，针对上一层的准则构造判断矩阵 $A_{ij}$：

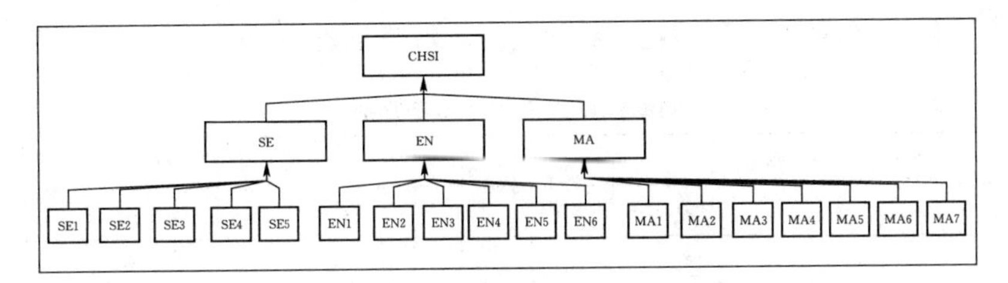


图 3.4 中国水电可持续评价指标体系的层次递阶结构图

$$A_{ij} = \begin{pmatrix} a_{11} & K & a_{1n} \\ M & O & M \\ a_{n1} & L & a_{nn} \end{pmatrix} \tag{3.5}$$

重要性判断结果的量化通常采用 1～9 标度值表示，见表 3.15。根据标度表，采用专家经验判断法即可得到判断矩阵。

**表 3.15　　判断矩阵标度值及其含义**

| 标度值 | 含义 |
| --- | --- |
| 1 | 表示两个因素相比，具有同样重要性 |
| 3 | 表示两个因素相比，一个因素比另一个因素稍微重要 |
| 5 | 表示两个因素相比，一个因素比另一个因素明显重要 |
| 7 | 表示两个因素相比，一个因素比另一个因素强烈重要 |
| 9 | 表示两个因素相比，一个因素比另一个因素极端重要 |
| 2，4，6，8 | 上述两相邻判断的中值 |
| 倒数 | 因素 $i$ 与 $j$ 比较得判断 $b_{ij}$ ，则 $j$ 与 $i$ 比较的判断 $b_{ij} = 1/b_{ji}$ |

（3）重要性排序。求判断矩阵的最大特征根所对应的特征向量 $w$，$w$ 即为所求的各指标的权重：

$$w = (w_1, w_2, w_3, w_4, w_5)^T \tag{3.6}$$

$$W_i = \sqrt[n]{\prod_{j=1}^{n} a_{ij}} \Big/ \sum_{i=1}^{n} \sqrt[n]{\prod_{j=1}^{n} a_{ij}} \tag{3.7}$$

（4）一致性检验。计算判断矩阵的最大特征根 $\lambda_{max}$：

$$\lambda_{max} = \frac{1}{n} \sum_{i=1}^{n} \frac{(AW)_i}{W_i} \tag{3.8}$$

其中，$(AW)_i$ 为向量 $AW$ 的第 $i$ 个元素。则判断矩阵的一致性检验指标如下：

$$CR = CI/RI \tag{3.9}$$

$$CI = \frac{1}{n-1}(\lambda_{max} - n) \tag{3.10}$$

*RI* 为判断矩阵的随机一致性指标，取值见表 3.16。

表 3.16　　判断矩阵的随机一致性指标

| 阶数 *n* | 1 或 2 | 3 | 4 | 5 | 6 | 7 | 8 | 9 |
|---|---|---|---|---|---|---|---|---|
| *RI* | 0 | 0.58 | 0.90 | 1.12 | 1.24 | 1.32 | 1.41 | 1.45 |

当 CR 小于或等于 0.1 时，认为矩阵具有满意一致性，说明确定的各指标的权重是合理的，否则需对矩阵进行调整，直至具有满意的一致性。

（5）中国水电可持续综合评价权重。根据层次分析法赋权原理，填写中国水电可持续综合评价指标重要性判断矩阵，见表 3.17～表 3.20。计算得出准则层及各指标相对于中国水电可持续综合指数权重，结果见表 3.21。

表 3.17　　准则层判断矩阵

| 准则层 | EN | MA | SE |
|---|---|---|---|
| EN | 1 | 3/4 | 1/1 |
| MA | 4/3 | 1 | 4/3 |
| SE | 1 | 3/4 | 1 |

表 3.18　　环境指标判读矩阵

| 指数层 | EN1 | EN2 | EN3 | EN4 | EN5 | EN6 |
|---|---|---|---|---|---|---|
| EN1 | 1 | 5 | 2 | 3 | 6 | 4 |
| EN2 | 1/5 | 1 | 1/4 | 1/3 | 2 | 1/4 |
| EN3 | 1/2 | 4 | 1 | 2 | 5 | 3 |
| EN4 | 1/3 | 3 | 1/2 | 1 | 3 | 2 |
| EN5 | 1/6 | 1/2 | 1/5 | 1/3 | 1 | 1/3 |
| EN6 | 1/4 | 4 | 1/3 | 1/2 | 3 | 1 |

表 3.19　　社会经济指标判读矩阵

| 指数层 | SE1 | SE2 | SE3 | SE4 | SE5 |
|---|---|---|---|---|---|
| SE1 | 1 | 2 | 3 | 4 | 1/2 |
| SE2 | 1/2 | 1 | 2 | 3 | 1/4 |
| SE3 | 1/3 | 1/2 | 1 | 2 | 1/5 |
| SE4 | 1/4 | 1/3 | 1/2 | 1 | 1/6 |
| SE5 | 2 | 4 | 5 | 6 | 1 |

表 3.20 管理指标判读矩阵

| 指数层 | MA1 | MA2 | MA3 | MA4 | MA5 | MA6 | MA7 |
|---|---|---|---|---|---|---|---|
| MA1 | 1 | 1 | 2 | 5 | 4 | 6 | 3 |
| MA2 | 1 | 1 | 2 | 5 | 4 | 6 | 3 |
| MA3 | 1/2 | 1/2 | 1 | 3 | 2 | 4 | 2 |
| MA4 | 1/5 | 1/5 | 1/3 | 1 | 1/2 | 3 | 1/3 |
| MA5 | 1/4 | 1/4 | 1/2 | 2 | 1 | 3 | 1/2 |
| MA6 | 1/6 | 1/6 | 1/4 | 1/3 | 1/3 | 1 | 1/4 |
| MA7 | 1/3 | 1/3 | 1/2 | 3 | 2 | 4 | 1 |

表 3.21 中国水电可持续评价指标体系权重

| 准则层 | 权重 | 指标层 | 权重 |
|---|---|---|---|
| 社会经济(SE) | 0.3 | SE1：水电带动当地人均年 GDP 变化率，% | 0.0749 |
| | | SE2：水电带动农民人均纯收入年变化率，% | 0.0435 |
| | | SE3：就业机会，人/MW | 0.0267 |
| | | SE4：水电综合利用效率，% | 0.0171 |
| | | SE5：移民年均收入占区域人均收入的比重，% | 0.1378 |
| 环境(EN) | 0.3 | EN1：下游生态流量保证率，% | 0.1136 |
| | | EN2：富营养化比例,% | 0.0175 |
| | | EN3：运行前后珍稀濒危鱼类种类变化率，% | 0.0746 |
| | | EN4：运行前后河岸带珍稀濒危植被种类变化率，% | 0.0455 |
| | | EN5：运行阶段单位发电量 GHG 排放量 t $CO_2/(10^6 kW\cdot h)$ | 0.0133 |
| | | EN6：生态影响与生态价值的比率，% | 0.0355 |
| 管理(MA) | 0.4 | MA1：资产报酬率（ROA），% | 0.112 |
| | | MA2：销售收入增长率，% | 0.112 |
| | | MA3：水能利用提高率，% | 0.0626 |
| | | MA4：弃风率，% | 0.0221 |
| | | MA5：环保设备利用率，% | 0.0315 |
| | | MA6：大学本科及以上学历职工占比，% | 0.0133 |
| | | MA7：企业经营管理与相关法律、法规、政策性文件的一致性 | 0.0466 |

#### 3.4.2.4 计量模型

中国水电可持续综合指数计算模型见式（3.11）。针对各准则层，应用各指标相对于准则层权重，可计算准则层指数。

$$CHSI = \sum_{i=1}^{n} W_i \times NI_i \tag{3.11}$$

式中：$CHSI$ 为中国水电可持续指数；$NI_i$ 为第 $i$ 个指标标准化后的无量纲数值；$W_i$ 为第 $i$ 个指标权重。

#### 3.4.2.5　综合评价标准

参考 IHA 水电可持续评估等级设置，本书将运行期中国水电可持续综合指标等级设为 5 级，包括强不可持续、弱不可持续、基本可持续和弱可持续和强可持续，以判读流域水电可持续发展水平及水电站项目带来的变化。其中，基本可持续（UTI）相当于 IHA《水电可持续评估规范》的 3 级分值标准。弱可持续和弱不可持续标准采用等距法计算，即等距法中的组数 $n=2$。弱（强）可持续组距 $h$ 按式（3.12）计算，弱（强）不可持续组距 $h$ 按式（3.13）计算。

$$h = (HTI - UTI)/n \tag{3.12}$$

$$h = (UTI - LTI)/n \tag{3.13}$$

式中：$h$ 为组距；$HTI$ 为标准化后的指标最大值；$LTI$ 为标准化后的指标最小值；$UTI$ 为标准化后的指标基本可持续标准值；$n$ 为组数，取值 2。

弱可持续标准由式（3.14）计算，弱不可持续标准按式（3.15）计算：

$$Y_1 = UTI + h \tag{3.14}$$

$$Y_2 = UTI - h \tag{3.15}$$

式中：$Y_1$ 为弱可持续标准；$Y_2$ 为弱不可持续标准。

针对各指标计算 5 级标准后，应用式（3.11）计算中国水电可持续综合指数及各准则层标准，结果见表 3.22。

表 3.22　　水电可持续综合指数及准则层标准

| 准则层/综合指数 | 强不可持续 | 弱不可持续 | 基本可持续 | 弱可持续 | 强可持续 |
|---|---|---|---|---|---|
| SE | <0.061 | [0.061, 0.124) | 0.124 | (0.124, 0.212] | >0.212 |
| EN | <0.092 | [0.092, 0.184) | 0.184 | (0.184, 0.242] | >0.242 |
| MA | <0.095 | [0.095, 0.190) | 0.191 | (0.191, 0.296] | >0.296 |
| CHSI | <0.248 | [0.248, 0.499) | 0.499 | (0.499, 0.749] | >0.749 |

## 参考文献


[1] 国家发展改革委员会中国经济导报社．2010年水电行业风险分析报告[J/OL]. http：//doc. mbalib. com/view/d64b48975660351aa6e0b9b441d31e80. html.

[2] 国家发展改革委员会中国经济导报社．2015年电力行业风险分析报告[J/OL]. http：//www. docin. com/p-1382668389. html.

[3] 唐传利．关于水库移民工作几个重大问题的思考[J]. 老区建设，2014，01：16-23.

[4] 隋欣，廖文根．中国水电温室气体减排作用分析[J]. 中国水利水电科学研究院学报，2010，8（2）：133-137.

[5] 吴世勇，姚雷．官地水电站对四川经济的带动研究[J]. 水力发电，2010，36（1）：89-91.

[6] 吴文慧，张双虎，张忠波，蒋云钟，张锐．梯级水库集中调度发电效益考核评价研究：以乌江梯级水库为例[J]. 水力发电学报，2015，34（10）：60-69.

[7] 夏庆杰，张春晓，刘振楠．乌江水电开发对区域经济发展的影响[J]. 经济与管理评论，2012，173：138-142.

[8] 张卫国，钟平安，陈璇，戴力，杨明明．水电站运行调度绩效考核办法[J]. 水利水电科技进展，2012，32（1）：65-69，90.

[9] 赵蓉，禹雪中，冯时．流域水电可持续性评价方法研究及应用[J]. 水力发电学报，2013，32（6）：287-293.

[10] 赵小杰，赵同谦，郑华，等．水库温室气体排放及其影响因素[J]. 环境科学，2008，29（8）：2377-2384.

[11] 周睿萌，雷振，唐文哲．水电建设对地方经济发展影响实证研究：以云南省永善县溪洛渡水电站为例[J]. 水利经济，2015，22（5）：43-47.

[12] Afgan N H，Carvalho M D G. Sustainable Assessment Method for Energy Systems [M]. Sustainable assessment method for energy systems ：Kluwer Academic，2000.

[13] Afgan N H，Carvalho M G. Multi-criteria assessment of new and renewable energy power plants [J]. Energy，2002，27（8）：739-755.

[14] Assefa G，Frostell B. Social sustainability and social acceptance in technology assessment：A case study of energy technologies [J]. Technology in Society，2007，29（1）：63-78.

[15] Beccali M，Cellura M，Mistretta M. Decision making in energy planning. Application of the Electre method at regional level for the diffusion of renew-

able energy technology [J]. Renewable Energy, 2003, 28 (13): 2063 -2087.

[16] Begié F, Afgan N H. Sustainability assessment tool for the decision making in selection of energy system—Bosnian case [J]. Energy, 2007, 32 (10): 1979 - 1985.

[17] Bossel Davis Revi H J A Donella H Meadows A AtKisson. Indicators and information systems for sustainable development [J]. Environment & Urbanization, 1998, 11 (1): 285 - 285.

[18] Briggs, D. , C. Corvalán, and M. Nurminen. Linkage Methods for Environment and Health Analysis: General Guidelines [M]. World Health Organization Publications, 1996.

[19] Buchholz T, Rametsteiner E, Volk T A, et al. Multi Criteria Analysis for bioenergy systems assessments [J]. Energy Policy, 2009, 37 (2): 484 -495.

[20] B. Vučijak, T. Kupusović, S. Midžić-Kurtagić, et al. Applicability of multicriteria decision aid to sustainable hydropower [J]. Applied Energy, 2013, 101 (1): 261 - 267.

[21] Carrera D. G. , Mack A. Sustainability assessment of energy technologies via social indicators: Results of a survey among European energy experts [J]. Energy Policy, 2010, (38): 1030 - 1039.

[22] Corvalán, C. F. , T. Kjellström, and K. R. Smith. Health, environment and sustainable development: identifying links and indicators to promote action [J]. Epidemiology, 1999, 10 (5): 656 - 660.

[23] Daly H E. Toward a steady-state economy [M]. Toward a steady—state economy /. W. H. Freeman, 1973: 945 - 954.

[24] Doukas H C, Andreas B M, Psarras J E. Multi-criteria decision aid for the formulation of sustainable technological energy priorities using linguistic variables [J]. European Journal of Operational Research, 2007, 182 (2): 844 -855.

[25] Esping-Andersen G. Social Indicators and Welfare Monitoring [EB/OL]. [2000-05-01]. http: //www. unrisd. org/80256B3C005BCCF9/search/6D649FEB5030431980256B5E004DE81A? OpenDocument

[26] European Commission, Eurostat, and THEME 8 Environment and Energy. Towards environmental pressure indicators for the EU [EB/OL]. 1999. http: //esl. jrc. it/envind/tepi99rp. pdf.

[27] Evans A, Strezov V, Evans T J. Assessment of sustainability indicators for

renewable energy technologies [J]. Renewable & Sustainable Energy Reviews, 2009, 13 (5): 1082 - 1088.

[28] Ferreira P, Araújo M, O'Kelly M E J. The Integration of Social Concerns into Electricity Power Planning: A Combined Delphi and AHP Approach [M]. Handbook of Power Systems I. Springer Berlin Heidelberg, 2010: págs. 165 - 184.

[29] Fiksel J., Eason T. A Framework for Sustainability Indicators at EPA [EB/OL]. [2012 - 10 - 08]. https://www.epa.gov/sites/production/files/2014 - 10/documents/framework-for-sustainability-indicators-at-epa.pdf.

[30] Gamboaa G, Mundaa G. The problem of windfarm location: A social multi-criteria evaluation framework [J]. Energy Policy, 2007, 35 (3): 1564 - 1583.

[31] Golden R, Paulos B. Curtailment of Renewable Energy in California and Beyond [J]. Electricity Journal, 2015, 28 (6): 36 - 50.

[32] Gustavson K R, Lonergan S C, Ruitenbeek H J. Selection and modeling of sustainable development indicators: a case study of the Fraser River Basin, British Columbia [J]. Ecological Economics, 1999, 28 (1): 117 - 132.

[33] Hassan MN, Sadegh VZ. Sustainability Assessment of a Power Generation System Using DSR-HNS Framework [J]. IEEE Transactions on Energy Conversion, 2012, 28 (2): 327 - 334.

[34] International Hydropower Association (IHA). Hydropower sustainability assessment protocol [EB/OL]. [2011 - 12 - 08]. http://www.hydrosustainability.org/Protocol.aspx.

[35] Kahraman C, İhsan Kaya, Cebi S. A comparative analysis for multiattribute selection among renewable energy alternatives using fuzzy axiomatic design and fuzzy analytic hierarchy process [J]. Energy, 2009, 34 (10): 1603 - 1616.

[36] Kahraman C, Kaya. A fuzzy multicriteria methodology for selection among energy alternatives [J]. Expert Systems with Applications, 2010, 37 (9): 6270 - 6281.

[37] Karakosta C, Doukas H, John P. EU - MENA energy technology transfer under the CDM: Israel as a frontrunner? [J]. Energy Policy, 2010, 38 (5): 2455 - 2462.

[38] Kjellström, T. and C. Corvalán. Framework for the development of environmental health indicators [J]. World Health Stat Q, 1995, 48 (2): 144 -154.

[39] Krajnc N, Domac J. How to model different socio - economic and environmental aspects of biomass utilisation: Case study in selected regions in Slove-

nia and Croatia [J]. Energy Policy, 2007, 35 (12): 6010 - 6020.
[40] Kowalski K, Stagl S, Madlener R, et al. Sustainable energy futures: Methodological challenges in combining scenarios and participatory multi-criteria analysis [J]. European Journal of Operational Research, 2009, 197 (3): 1063 - 1074.
[41] Larson S, Larson S. Index-based tool for preliminary ranking of social and environmental impacts of hydropower and storage reservoirs [J]. Energy, 2007, 32 (32): 943 - 947.
[42] Liu J, Zuo J, Sun Z, et al. Sustainability in hydropower development—A case study [J]. Renewable & Sustainable Energy Reviews, 2013, 19 (1): 230 - 237.
[43] Maxim A. Sustainability assessment of electricity generation technologies using weighted multi - criteria decision analysis [J]. Energy Policy, 2014, 65 (65): 284 - 297.
[44] De Mora E. F. , Torres C, Valero A. Assessment of biodiesel energy sustainability using the exergy return on investment concept [J]. Energy, 2012, 45 (1): 474 - 480.
[45] Munda G. Social multi-criteria evaluation for urban sustainability policies [J]. Land Use Policy, 2006, 23 (1): 86 - 94.
[46] Onat N, Bayar H. The sustainability indicators of power production systems [J]. Renewable & Sustainable Energy Reviews, 2010, 14 (9): 3108 - 3115.
[47] Panzar J C, Willig R D. Economies of Scale in Multi-Output Production [J]. Quarterly Journal of Economics, 1977, 91 (3): 481 - 493.
[48] Ribeiro F, Ferreira P, Araújo M. The inclusion of social aspects in power planning [J]. Renewable & Sustainable Energy Reviews, 2011, 15 (9): 4361 - 4369.
[49] Río P D, Burguillo M. An empirical analysis of the impact of renewable energy deployment on local sustainability [J]. Renewable & Sustainable Energy Reviews, 2009, 13 (6 - 7): 1314 - 1325.
[50] Satty T. L. The analytichierarchy process [M]. New York: McGraw - Hill Company, 1980.
[51] Serageldin I. Sustainability as Opportunity and the Problem of Social Capital [J]. Brown J. world Aff, 1996, Ⅲ (2): 187 - 203. http://heinonline. org/HOL/Page? handle = hein. journals/brownjwa3&div = 73&g _ sent = 1&collectio n=journals
[52] Singh, R. , H. Murty, S. Gupta, and A. Dikshit. An overview of sustain-

ability assessment methodologies [J]. Ecological Indicators, 2009, 9 (2): 189 - 212.

[53] Stagl S. Emerging methods for sustainability valuation and appraisal: a report to the sustainable development research network; 2007.

[54] Streimikiene D, Sarvutyte M. Sustainability assessment of energy technologies [J]. Ekonomika Ir Vadyba, 2010: 15.

[55] Sultana A, Kumar A. Ranking of biomass pellets by integration of economic, environmental and technical factors [J]. Biomass & Bioenergy, 2012, 39 (39): 344 - 355.

[56] Supriyasilp T, Pongput K, Boonyasirikul T. Hydropower development priority using MCDM method [J]. Energy Policy, 2009, 37 (5): 1866 - 1875.

[57] Turcksin L, Macharis C, Lebeau K, et al. A multi-actor multi-criteria framework to assess the stakeholder support for different biofuel options: The case of Belgium [J]. Energy Policy, 2011, 39 (1): 200 - 214.

[58] USEPA. 2008. EPA's 2008 Report on the Environment (Final Report). Washington D. C. EPA/600/R07/045F (NTIS PB2008 - 112484). http://www.epa.gov/roe.

[59] Varun, Bhat I K, Prakash R. LCA of renewable energy for electricity generation systems—A review [J]. Renewable & Sustainable Energy Reviews, 2009, 13 (5): 1067 - 1073.

[60] Varun, Prakash R, Bhat I K. A figure of merit for evaluating sustainability of renewable energy systems [J]. Renewable & Sustainable Energy Reviews, 2010, 14 (6): 1640 - 1643.

[61] Vera I, Langlois L. Energy indicators for sustainable development [J]. Energy, 2007, 32 (6): 875 - 882.

[62] Wang G H, Fang Q H, Zhang L P, et al. Valuing the effects of hydropower development on watershed ecosystem services: case studies in the Jiulong River Watershed, Fujian Province, China. [J]. Estuarine Coastal & Shelf Science, 2010, 86 (3): 363 - 368.

[63] Wang J J, Jing Y Y, Zhang C F, et al. Review on multi-criteria decision analysis aid in sustainable energy decision-making [J]. Renewable & Sustainable Energy Reviews, 2009, 13 (9): 2263 - 2278.

# 第4章　乌江梯级管理可持续评价

## 4.1　乌江水电开发概况

### 4.1.1　乌江干流梯级规划

为开发乌江干流丰富的水能资源，20世纪50年代初进行乌江干流规划选点工作，有关单位做了大量的勘测、水文、规划、设计及科研工作。长江水利委员会上游工程局、水电部勘测设计院、水电部长江流域规划办公室（以下简称长办）、水电部贵阳勘测设计院等先后提出过乌江干流或河段水电站的规划设计报告共30多份。在此基础上，乌江渡水电站于1979年建成投产，东风水电站于1984年开工兴建，这些水电站的投入对贵州经济发展起了巨大的促进作用。

1985年，水电部水利水电建设总局再次组织了乌江干流勘查，并以水电部（1985）水电建字第25号文件对乌江干流规划工作做了安排。该文件肯定了乌江干流是一个水电富矿，为了加快乌江干流的水电建设，指定由长办与贵阳院密切合作，并由长办牵头，会同贵阳院联合提出乌江干流规划报告。1987年，应贵州省人民政府的邀请，国内40余位水电专家和学者组成考察组，对乌江流域进行了“以促进水电开发为主，振兴流域和地区经济发展”的综合考察。考察结束后，于光远、林华、罗西北、何仁仲等老同志联名致电国家领导人，积极建议成立乌江水电开发公司，促进乌江干流水电开发。

按照25号文件，长办与贵阳院在水电部水利水电规划设计院的指导下，于1987年完成了乌江干流水电开发规划报告，1988年通过了审查，1989年获国务院批准，同意乌江干流水能资源开发以发电为主，其次为航运，兼顾防洪、灌溉等任务；同意按照11个梯级电站开发方案，即普定、引子渡、洪家渡、东风、索风营、乌江渡、构皮滩、思林、沙沱、彭水和大溪口；确定了“充分发挥乌江流域资源组合优势，突出重点，优先发展水电，大力发展综合运输，以能源、交通、原材料的开发为龙头，带动全流域的综合开发”等流域综合开发

的指导思想、任务和步骤，建立了流域综合开发完整的、科学的水电开发体系。根据规划，相关部门积极筹备成立乌江水电开发公司，以促进乌江水资源的开发利用和流域经济的发展。

### 4.1.2 乌江干流梯级水电站

根据乌江干流贵州境内水电开发规划，7个电站位于贵州境内乌江干流，由贵州乌江水电开发有限责任公司（以下简称乌江公司）负责建设、管理、运营，从上游到下游依次为洪家渡、东风、索风营、乌江渡、构皮滩、思林、沙沱，总装机容量8305MW，年电量289.66亿kW·h。其中，多年调节水库和年调节水库各1座，季调节水库2座，日调节水库3座（表4.1），已全部投产发电。

清水河（曾称清水江）属乌江水系，是乌江中游右岸较大的一级支流。清水河干流水电规划包括5个水电站，已建成水电站2个，从上游到下游依次为大花水和格里桥，分别为季调节水库和日调节水库，由乌江公司参股进行建设。总装机容量350MW，年发电量12.31亿kW·h（表4.1）。

**表4.1　　贵州境内9座水电站主要技术参数**

| 名称 | 装机容量/MW | 设计年发电量/(亿kW·h) | 调节库容/亿$m^3$ | 正常高水位/m | 相应库容/亿$m^3$ | 死水位/m | 相应库容/亿$m^3$ | 调节性能 |
|---|---|---|---|---|---|---|---|---|
| 洪家渡 | 3×200 | 15.59 | 33.61 | 1140 | 44.97 | 1076 | 11.36 | 多年调节 |
| 东风 | 3×190<br>+125 | 29.58 | 4.9 | 970 | 8.64 | 936<br>950 | 3.74<br>5.42 | 季调节 |
| 索风营 | 3×200 | 20.11 | 0.674 | 837 | 1.686 | 822 | 1.012 | 日调节 |
| 乌江渡 | 5×250 | 40.56 | 13.6 | 760 | 21.4 | 720<br>736 | 7.8<br>12.12 | 季调节 |
| 构皮滩 | 5×600 | 96.82 | 29.02 | 630 | 55.64 | 590 | 24.1 | 年调节 |
| 思林 | 4×250 | 40.51 | 3.17 | 440 | 12.05 | 431 | 8.88 | 日周调节 |
| 沙沱 | 4×280 | 45.52 | 2.87 | 365 | 7.70 | 353.5 | 4.83 | 日调节 |
| 大花水 | 2×100 | 4.41 | 1.23 | 868 | 2.507 | 845 | 1.152 | 季调节 |
| 格里桥 | 2×75 | 5.08 | 0.1881 | 719 | 0.6952 | 709 | 0.5071 | 日调节 |

# 4.2　乌江公司发展历程

## 4.2.1　我国水电行业体制改革

我国水电企业经营模式演变历程与水电行业体制改革密不可分。总体上，我国水电行业开发体制的变革大致可以分为三个阶段：

第一阶段（1984年之前）：自营式建管体制。经济改革前及经济改革初期，我国水电建设采取的是计划经济体制下的自营式建设管理体制，即一个水电工程项目由国家直接下达计划、直接调拨资金、直接指派工程建设队伍以及直接供应材料，建成后移交给生产单位进行经营管理，其基本特点是“建管分离，收支分离”。具体的建设方式是“苏联模式”“建设指挥部”等。自营式建管体制在一定时期内发挥了积极作用，建成了丹江口、刘家峡、龙羊峡、葛洲坝等一批大型水电站。然而这一体制存在一个根本缺陷，即计划体制下产权不明晰导致的工程参与方权利义务的不对等。国家是国有财产的所有人，但代表国家参与工程建设、拥有国有资产处置权的是设计、建设、生产各环节的相关部门机构，这些机构各自为政，都不对投资全过程负责，导致制度上缺乏一个对项目全过程承担责任的主体，造成“业主缺位”。业主缺位问题实质上反映的是国有资产产权不明、责权利界定不清晰、缺乏监管导致的代理问题，这一问题造成项目建设效率低下，国有资产浪费严重，体现为水电行业普遍性的“投资大、周期长、移民难”现象。到20世纪80年代初，国家财政已经无力支持大规模的水电建设，改革建设管理体制成为迫切要求。

第二阶段（1984年至20世纪90年代中期）：业主负责制。1984年中国与世行就云南省南盘江支流黄泥河鲁布革水电站项目开展合作后，世行要求项目必须遵循国际通行的FIDIC条款进行管理，即引入业主－工程师－承包商体制。这一体制中，业主是建筑市场的核心，一切合同关系的甲方，对项目承担根本责任；其他作为独立主体的两方必须完成业主赋予的职责和任务；各方的权利与义务对称。这是一项针对传统自营式管理体制根本问题的重大改革，第一次引进国际建筑市场的通行规则，“业主”“工程师”的概念冲击了固有的项目建设思维。

第三阶段（20世纪90年代中期以后）：项目法人责任制。1995

年雅砻江流域水电开发有限公司按照公司法进行改组成为有限责任公司，通过法律形式确定投资各方出资额和责权利，成立董事会、监事会和经营管理机构，建立了现代化的企业组织结构，使EHDC成为具有独立法人地位的企业。这种科学民主、规范运作的组织机构，保证了投资各方有效行使法人财产权，保证了经营管理在有效机制下促进二滩项目的建设、管理和经营。同时，“矩阵式”组织结构也得到进一步采用和完善。这一管理体制也促进了建筑市场法律法规的健全和完善。1996年国家计划委员会制定了《关于实行建设项目法人责任制的暂行规定》，确认项目法人责任制，使这一体制为以后的水电项目和大型土建项目广泛采用。

### 4.2.2　乌江公司发展历程

根据2006年编制的《贵州乌江水电开发有限责任公司可持续发展战略分报告二——战略定位、发展目标》，乌江公司的发展大致可分为三个阶段：

第一阶段（1992年之前）：成立阶段。1988年国家计划委员会、水利电力部和贵州省人民政府联合请示国务院要求设立乌江水电开发公司，贵州省随后于该年底成立了乌江水电开发公司筹备处。1990年，经国务院同意，能源部和国家计划委员会联合批复贵州省人民政府，同意成立乌江水电开发公司，负责开发贵州省境内乌江河段共7个梯级的水电资源和从事电力生产，并可兴办与水电开发有关的横向经济联合项目。1992年，乌江水电开发公司正式注册成立，由贵州省人民政府和能源部双重领导，以贵州省为核心组建和进行行政管理，能源部实施行业管理。

第二阶段（1992—1999年）：缓慢发展阶段。这一时期乌江公司由能源部和贵州省进行双重管理，实行理事会领导下的总经理负责制。由于受国家水电资源开发宏观调控的要求，加上公司体制不顺、产权不清、责任主体模糊三大困顿，导致这一阶段乌江梯级电站开发的进展迟缓，除承接东风电站建设外，没有新项目开工建设。

第三阶段（1999年以后）：快速发展阶段。1999年7月，国家电力公司、贵州省人民政府按照“西电东送”和现代企业制度的要求对公司进行改制，成立了贵州乌江水电开发有限责任公司。明确产权比例为国家电力公司占51%、贵州省占49%，公司真正按照现代企业制度“产权明晰，权责明确，政企分开，管理科学”的要求进行了改组，充分调动了各方的积极性，对加快乌江流域水电开发发挥了巨大作用。2002 年，国家电力公司分拆，确定由中国华电集团公司持有乌江公司 51%的股份，贵州省通过国资委持有乌江公司 49%的股份。此时乌江公司成为中国华电集团公司控股的子公司，公司设立董事会，董事长由华电集团公司派出。

截至 2010 年底，乌江公司投产水电机组容量达到 754.5 万 kW，在建容量 112 万 kW，当年实现发电量 152.07 亿 kW·h，年销售收入 32 亿元，实现利税 10 亿元，资产总规模达到 365 亿元。乌江梯级水电开发有力地推动了周边地区和全省经济的发展。

## 4.3　乌江公司经营管理

### 4.3.1　企业经营管理模式

经国务院同意，国家计委批复的《乌江干流规划报告》确定了乌江干流“流域、梯级、滚动、综合”的开发方针，乌江公司在实践中摸索出的小业主、大监理、设计是龙头、施工企业为主导和地方政府支持配合的“五位一体”管理模式，有力推动了乌江干流梯级水电站的开发建设。

流域体现了以河流水系为纽带的水资源区域共存关系；梯级要求水能资源开发要兼顾上下游、干支流；滚动表现出已投产的水电存量资产在撬动待建项目增量资产中发挥出的惊人的杠杆效应；综合是在水资能源、矿产资源富集区延长产业链带动区域社会经济共同发展的有效手段。

“五位一体”管理模式充分展示了乌江公司大规模开发乌江干流梯级水电站初期，为解决建管能力相对不足提出的充分利用工程监管，发挥设计单位技术引领的龙头作用，调动施工企业积极性，依靠地方政府支持做好征地移民工作。

### 4.3.2　企业经营管理财务分析

选取乌江公司 2003—2010 年的财务指标，对该公司的盈利能力、偿债能力、运营能力和发展能力，以及有关杜邦分析的各种指标做出系统性的评价。考虑到乌江公司 2002 年底进行了改革重组，为了剔

除非持续性因素对企业财务指标的影响，选取 2003 年作为样本区间的起始年份以保证数据的连续性和合理性。最后，由于水电行业是受国家调控的重点行业，因此乌江公司的长期发展不仅与其自身的经营状况有关，还呈现出明显的行业特征，故本书还选取了水电行业的平均指标作为参照对象进行比较。

#### 4.3.2.1 财务指标分析

从 2003—2010 年财务指标的分析结果来看：乌江公司目前的整体财务状况并不十分乐观。主要问题在于盈利能力和偿债能力两方面，这些问题构成了乌江公司未来经济可持续发展的最主要障碍。相对而言，乌江公司的资产运营能力较佳，不仅优于行业的平均水平，而且还呈现出不断改善的趋势。此外，乌江公司也表现出较强的发展能力。

从盈利能力看，乌江公司目前的盈利能力增长动力不足，利润缺乏上升的空间。在收入方面，有两个因素制约着公司收入的稳定增长：①发电量深受乌江来水量的影响，由此导致收入的变化幅度很大。②水电上网电价低于全国的行业平均值。该矛盾长期以来制约着乌江公司的生产经营。而在成本方面，两个因素导致了成本的大幅攀升：①2007 年以来，电站库区移民补偿费的大幅调增以及水资源费、库区基金、水能资源使用权出让金的征收都使得公司的运营成本大幅提升。②为了支撑新水电站的投资建设，公司近年来已积累了大量的债务融资，从而不得不支付高昂的财务费用。

从偿债能力看，高杠杆、高财务费用和低流动性体现了乌江公司较高的债务风险。首先，大量的投资建设已使得乌江公司积累了大量债务，资产负债率高达 80%，常年承受巨大的偿债压力。2013 年至 2015 年沙沱水电站、塘寨和桐梓燃煤火电厂等陆续投产，企业资产负债率上升到 88%。其次，流动性严重不足。流动资产不仅少于流动负债，而且两者的缺口还呈现增大的趋势。另外，流动资产的构成中绝大部分都是变现能力较差的应收账款，公司在短期内的支付压力十分巨大。

从资产运营能力看，乌江公司表现出较佳的资产运营能力。首先，公司的流动资产周转率是行业平均水平的 3 倍，流动资产利用效率相对较高。其次，应收账款周转率不断提升并超越行业水平。应收账款的回笼速度较快，转换现金的能力优于行内其他企业。最后，存货周转率也正在不断上升。“以水为主，水火一体”的经营思路使得火电也成为了乌江公司的重点发展领域。因此，乌江公司的存货中主要是火力发电所需的原材料电煤，而电煤价格的波动还会对火电价格产生直接的影响。存货周转率的改善表明了乌江公司对存货管理水平的不断提高，这样既可以减少电煤价格对火电生产的影响，也提高了电煤的利用效率。

从发展能力看，虽然乌江公司的收入和利润的波动较大，但仍然具有光明的发展前景。首先，乌江公司近几年的资产增长率都低于销售收入的增长速度，正逐步实现由所有者权益的积累来支撑资产的增加。因此，其资产的增长是良性合理的。其次，虽然销售收入受乌江来水量的影响较大，呈现出不稳定的增长趋势，但其销售收入增长率要远远高于行业的平均水平，由此说明乌江公司的市场发展前景明显优于同行企业，发电量的增加可以很快被市场所消化，潜在市场空间巨大。最后，随着乌江公司逐渐进入全面运营期，近年来大量的水电投资建设融资导致的高财务费用和偿债压力将有望逐渐降低，从而为未来公司的利润增长释放较大的空间。

从杜邦分析方法来看，乌江公司未来的战略重点应该放在如何提高销售利润率和总资产周转率上，以此加强其盈利能力和资产运营能力，从而进一步不断提升其权益收益率。随着乌江公司在不久的将来进入全面运营期，权益乘数的增加在未来将难以成为继续推动乌江公司权益收益率增长的动力。而在其他影响权益收益率的因素中，利息负担和税收负担的降低虽然有利于权益收益率的提升，但可操作性很小。这样，乌江公司应当着重提高销售利润率和总资产周转率，从而增加其权益收益率。

#### 4.3.2.2　有利方面

尽管存在上述的一些问题，但乌江公司还存在四大有利因素可能逐渐缓解这些问题，并进一步增强其经济可持续水平。这些有利因素具体包括：

（1）随着乌江公司逐渐从发展建设时期进入到全面运营时期，乌江公司将极大地减少甚至停止对新建电站的资金投入，降低财务费用，偿债压力下降。各新建水电站将会逐渐投产运营将极大地增加公司的盈利能力。全面运营时期内的统一调度将会提高原有水电站的运营效率，这可以增加公司的整体运营收入，提升盈利空间。

(2) 乌江公司高效的管理体系使其在未来的发展中占有优势地位。乌江公司实现了对流域各级水电站统一的调度，尽可能减少弃水量，达到对来水的最优化利用。乌江公司各水电站还运用了远程集控模式，通过卫星通信技术进行实时监控，实现了“无人值班，少人值守”的管理模式，大大降低了运营成本。

(3) 乌江公司目前还与贵州电网签订了合作协议。通过与贵州电网的信息共享，乌江公司能够严密监控来年水量和用电需求的变化，科学地预测来年生产和需求情况，并据此对资产的购置进行合理的安排。这项措施不仅能够使乌江公司更好地控制其成本费用，还有助于其收入的提高，从而扩大了利润的空间。

(4) 参照与行业数据的对比结果可以发现，乌江公司所面临的高杠杆、高财务费用、低流动性等问题并不是单一案例，而是我国整个水电行业所共同面临的问题。随着国家对水电行业的支持政策的陆续落实，我国水电行业所面临的财务可持续问题将会逐渐得到缓解，乌江公司也能从中受益。

#### 4.3.2.3 综合财务分析

(1) 投入产出合理，盈利能力好转。乌江公司目前的投入产出仍然处于合理的水平。水电行业属于初期投资规模大，建设周期长的行业。因此，目前还处于发展建设期的乌江公司呈现出的盈利能力不足和负债压力大的特征是我国水电行业所共有的普遍现象。乌江公司的各项基本盈利能力指标波动性较大，主要是因为年度销售收入极易受到乌江来水情况等自然条件的影响。再加上大量负债导致的高昂利息费用，在销售收入具有较大不确定性的情况下，销售利润难以实现稳定性增长，公司面临较大的经营风险。

然而，乌江公司未来的盈利能力将会获得提升，利润情况也会随之好转。首先，资产报酬率和资产增长率的分析显示，乌江公司的整体收益率正呈现逐步上升的趋势。这表明了公司的前期投资所产生的效益正逐渐显现出来，乌江公司正实现以利润积累支撑资产增长的内生式增长。预计在未来随着新水电站的逐渐投产，乌江公司的发电量将会大幅增加，规模经济将得以实现。在电力市场需求稳定增长、清洁能源优先上网政策支持及水电上网电价相对较低有较强上网竞争能力等，乌江公司的新增产量会带来预期的收益，由此带动公司销售收入的整体上升，进而加大利润的上升空间。同时，销售利润也会随着财务费用的减少而呈现与销售收入同步的上升趋势，长期盈利能力由此提高。而盈利能力的提升还会进一步改善乌江公司的偿债能力和发展能力，从而形成良性循环。

（2）资产负债率高，利息费用负担重，现阶段流动性风险大。乌江公司目前的资产负债率较高，曾一度高达87%，是国资委重点监控企业，导致现阶段面临较大的偿债风险。而且大量的建设融资也使公司承担较高的利息财务费用，从而形成当前主要的经营风险之一。从长期偿债能力来看，乌江公司的现金流利息保障率一直大于1倍，表明每年现金净流入能够保证财务费用的支出。因此，乌江公司在长期债务到期之前基本不会遇到偿债困难，长期偿债风险较小。但是，乌江公司仍应该根据债务的期限做好资金筹划，以便满足债务清偿时的资金需求。

从短期偿债能力来看，乌江公司现阶段存在结构性资产投资与结构性筹资的失衡。首先，流动资产与流动负债的缺口越来越大，表明短期偿债能力不足，流动性风险较大。同时还意味着可能需要再融资来满足短期债务的需求，从而影响公司的长期发展。然而，预计随着未来销售收入的增加以及应收账款管理的改善，乌江公司的收益质量将会提高，各项现金比率也会随之上升，作为债务偿还第一道防线的现金将会得到巩固。其次，运营能力的提升也会使得各项流动资产的周转率上升，流动资产的变现能力增强，也会改善公司的流动性。此外，随着公司在建工程的完工和融资需求的下降，负债增长率也会降低，从而有望降低乌江公司的债务负担和偿债风险。

（3）管理水平先进，运营效率高。乌江公司的各项运营能力指标都呈现上升趋势，公司的运营能力不但处于行业领先水平，而且未来还有进一步改善的趋势，这是公司目前非常主要的竞争优势。乌江公司是第一个采取“流域、梯级、滚动、综合”开发的流域公司，集中化管理可以实现资源在水电厂群之间的统一调配，从而通过合理的分配使资源得到最大化的利用。先进的管理水平不但提高了公司的运营效率，而且能够有效控制成本，使得销售成本和管理成本没有随着新水电站的投入使用而呈现大幅度攀升。此外，乌江公司先进的“无人值班，少人值守”管理模式也大大减少了公司的人力成本，而这往往是同行水电企业的主要营业成本部分。这种成本控制上的优势进一步提升了乌江公司的盈利能力。

乌江公司先进的管理水平得益于它在以下三方面的努力：①公司注重信息化建设，形成生产业务的自动化、流程化管理，极大地提高了管理效率。用信息技术代替人工操作，形成了“无人值班，少人值守”的管理模式。②公司以效益为导向，一切经营管理都以效益优先为原则。通过对销售量的预测，编制年度预算，卓有成效的成本控制使管理成本和销售成本近几年都保持稳定。③注重信息网的建设。公司不但建设内部信息网络，而且还通过与贵州电网的信息共享实现对来年发电量的预测，从而能够及早进行生产安排。

（4）融资渠道单一，未来增长速度受限。首先，乌江公司现阶段的融资渠道相对单一，主要是依靠商业银行的贷款及发行企业债券，对商业银行贷款的依赖性很强。其次，公司本身的资产负债率已很高，再融资的难度很大。此外，我国央行最近为了压制通胀所采取的紧缩货币政策大大增加了借款成本，导致整体借款环境并不乐观。而这种融资渠道的局限可能会对乌江公司未来的增长速度产生负面影响。

根据乌江公司内部增长率的计算可知，公司现阶段的盈利水平正常情况下并不足以支撑它目前的快速增长速度。如果不能开拓新的融资渠道，乌江公司未来的建设资金需求将会越来越难以得到满足，增长速度由此受到限制。但是，乌江公司已完成与华电贵州公司的资产整合，积极筹备实现整体上市事宜。通过上市发行股票，乌江公司不仅能够拓宽融资渠道，而且还能以股权融资代替债务融资，从而有效降低其杠杆和财务费用，减轻债务风险。因此，乌江公司应该积极筹备上市工作，早日实现上市融资。

（5）投资业务多元化，有效降低经营风险。乌江公司目前正逐步实现投资业务的多元化，以分散降低经营风险，并能够提高盈利的稳定性。首先，乌江公司目前的水电业务虽然仍然处于发展建设阶段，盈利水平还没有完全有效释放出来，但是它增长速度快，市场占有率大，未来仍然有很大的利润提升空间。其次，公司通过实行“以水为主，水火互济、煤电并举”的发展战略，能够通过发展比较成熟的火电业务，提供相对稳定的现金流来促进水电业务的发展。此外，由于水电行业的销售收入受自然因素的影响，年间差异较大，因此乌江公司还控股、参股了包括风电、光伏发电、页岩气等多个其他领域，拟通过多能互补，走智慧能源发展之路。如此一来就能够通过投资其他行业，来平缓水电利润的波动性。

# 4.4　乌江梯级水电站建设管理模式

## 4.4.1　管理模式分析

乌江公司自成立以来，将目标定位在“开发”上，明确深化改革、加强管理、加快发展、争创一流的发展思路，提出向管理要效益，努力降低生产成本，降低工程造价，降低筹融资成本，在“挤”字上下功夫，挤出资本加快水电开发，同时坚持科技创新和以人为本的管理，使公司运作走向良性循环，企业管理进一步加强，经济效益显著提高，两个文明建设成绩突出，发展步伐大大加快，成功走出了一条自我发展、滚动开发的新路子，为我国流域滚动开发积累了成功经验（图 4.1）。

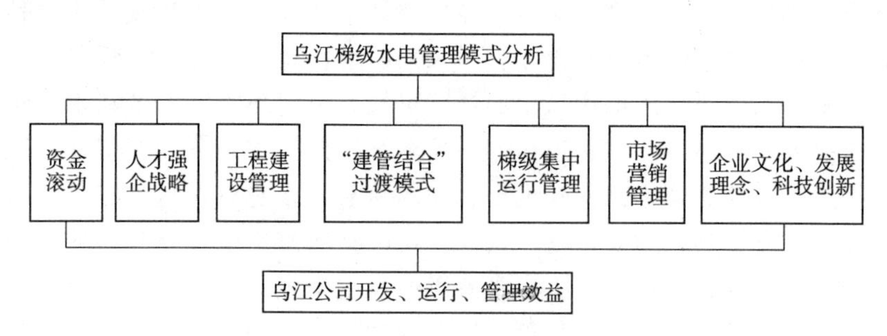


图 4.1　乌江公司管理模式图

## 4.4.2　资本滚动

乌江梯级水电开发以建成的乌江渡和东风电站作为母体电站，以母体电站的收益和部分折旧作为新项目的资本金进行滚动开发，在开发期间，股东方承诺全部投资收益用于滚动开发，从而解决了水电开发初期所需的资金不足问题。随着新建机组投产，形成“滚雪球”效应，推动了水电开发进程。

（1）资本滚动的一般性模式。由于水电项目在建设期需要巨大的投入，而在运行期有电费收入，流域水电开发中资本滚动的一般性模式是通过合理安排不同水电站的开工时间，实现资金的合理使用。流域开发公司调整的参数是水电站的开发顺序和开工时间。滚动的约束条件是乌江公司的当期资金来源大于当期资金支出。资本滚动需要考

虑的因素包括：①电力市场的需要，这是决定上网电量，进而决定当期售电收入的重要因素；②来水情况，这是决定发电量，进而决定售电收入的重要因素；③上网电价，这是决定当期售电收入的重要因素。

（2）乌江梯级水电开发的资本滚动情况。乌江梯级水电在2000年之后开发顺序是洪家渡、乌江渡扩机、东风扩机和索风营等4个电站项目，之后逐步开工建设构皮滩、思林、沙沱干流3个电站及支流大花水、格里桥2个水电站（表4.2）。在建设顺序的选择中，构皮滩水电站的建设时间选择最为关键，由于构皮滩是乌江梯级装机规模、资金投入量和发电量都最大的电站，构皮滩开发的时间对滚动开发的资金平衡影响最大。乌江公司的选择是在乌江渡以上的洪家渡、索风营开发基本完成后，首先建设构皮滩水电站，可以满足广东省的电力需要，当在2005—2010年形成还贷用款高峰和工程建设用款高峰的叠加。

**表4.2　乌江梯级水电站滚动开发**

| 水电站 | 98 | 99 | 00 | 01 | 02 | 03 | 04 | 05 | 06 | 07 | 08 | 09 | 10 | 11 | 12 |
|---|---|---|---|---|---|---|---|---|---|---|---|---|---|---|---|
| 洪家渡 | ▒ | ▒ | ▒ | ▒ | ▒ | ▒ | ▒ | ▒ | | | | | | | |
| 乌江渡扩机 | | | ▒ | ▒ | ▒ | ▒ | | | | | | | | | |
| 东风扩机 | | | | | | | | ▒ | ▒ | ▒ | | | | | |
| 索风营 | | | | | ▒ | ▒ | ▒ | ▒ | ▒ | | | | | | |
| 构皮滩 | | | | | | ▒ | ▒ | ▒ | ▒ | ▒ | ▒ | ▒ | | | |
| 思林 | | | | | | | | | ▒ | ▒ | ▒ | ▒ | ▒ | ▒ | ▒ |
| 沙沱 | | | | | | | | | | ▒ | ▒ | ▒ | ▒ | ▒ | ▒ |
| 大花水 | | | | | | | | ▒ | ▒ | ▒ | ▒ | | | | |
| 桥里桥 | | | | | | | | | | ▒ | ▒ | ▒ | ▒ | ▒ | |

注　▒表示处于建设期。

### 4.4.3　人力资本管理

经济学研究表明，在制度和技术达到一定水平且给定的情况下，不断增加的资金投入是用于购买机械设备还是用于企业员工培训，其投入—产出的效果是不同的。在其他条件不变的情况下，不断增加机械设备等固定资产的投入，其边际收益会在达到一定高度后转为下降。与此不同，如果不断增加企业员工智力和能力的投资，即将企业资本更多地转化为人力资本，那么，虽然这种投资的边际成本也会有所上升，但其边际收益上升的幅度会更大，结果就表现为投资的边际收益持续递增。之所以会产生这种效果，是因为随着对企业员工智力和能力投资的增加，企业员工的综合素质包括技术素质和生产经营能力等均会持续提高，并且这种提高不是一次性的，而是持续性的和具有乘数效应特征的，从而带来企业生产效率和产品质量以及整体收益的大幅度提升。为此，乌江公司认真贯彻落实全国人才工作会议和中央《西部地区人才开发十年规划》的精神，围绕加快乌江水电开发的总体目标和具体工程建设及生产经营建设的具体目标，大力实施人才强企战略，不断强化“人才是第一资源”和“人人可以成才”的理念，遵循人才成长规律，以稳定好、利用好现有人才和提升员工素质为基础，以引进和培养急需紧缺人才为重点，以制度创新和机制创新为动力，坚持“经营管理人才、专业技术人才、党群工作人才、高技能人才”4 支队伍一齐抓，培养造就了一支规模适当、素质优良、结构合理、富有敬业精神和创新能力的人才队伍，保证了工程建设管理、生产经营管理工作的需要，加快了乌江水电开发的步伐。

乌江公司树立“以人为本”“人才强企”理念，以培养紧缺型、复合型人才为重点，营造尊重知识、尊重人才的良好氛围，高度重视和不断增加人力资本投入，着力提升经营管理者和技术人员人力资本水平，全面提升普通员工人力资本水平。特别是不断探索和创新人力资本的培育、组织、管理、积累和运用方式，以实现企业竞争力的内生性提升与倍增性发展，积极实施人才强企战略。不仅为乌江水电建设提供了人才支撑，也为全国水电建设人才储备和输送做出了重要贡献。

截止 2010 年 12 月，乌江公司有长期职工 1827 人，其中研究生 25 人，大学本科 967 人，大学专科 770 人，中专及以下 65 人。35 岁以下 655 人，36～45 岁 1007 人，46～55 岁 113 人，56 岁及以上 52 人。高级职称 170 人，中级职称 440 人，初级职称 960 人。经营管理人才 530 人，科技人才 115 人，技能人才 665 人。从乌江公司的人员构成中可以看出，公司的员工是一支年轻化、知识化的队伍，这为公司的“人才强企”战略奠定了良好的基础（图 4.2、图 4.3）。

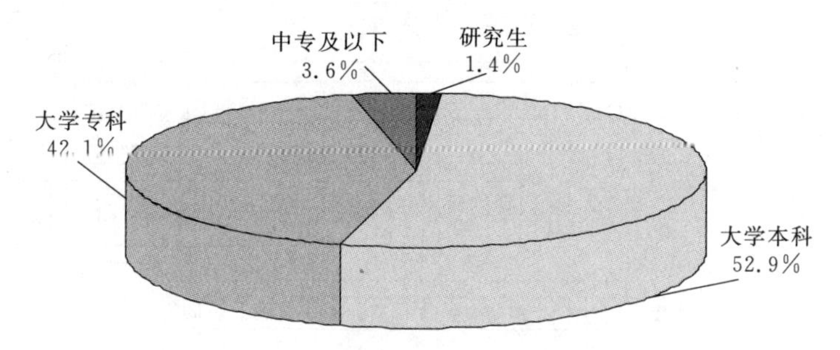


图 4.2 乌江公司员工学历情况

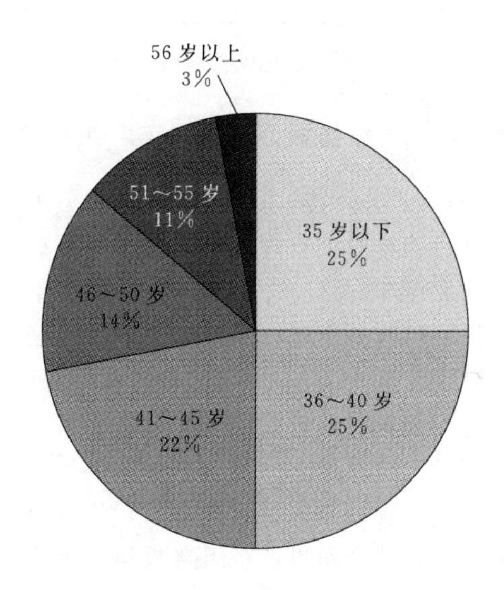


图 4.3 乌江公司员工年龄构成

### 4.4.4 建设管理模式

多年来，在乌江梯级水电站建设管理中，公司推行设计、施工、监理、业主及地方政府“五位一体”的运行机制，坚持业主责任制、招标投标制、工程监理制、合同管理制，加强设计、施工、管理、筹资“四个优化”，确保进度、质量、投资、安全、技术“五控制”，实现了提高工程质量，降低工程造价，缩短建设工期，确保安全文明生产的目标，逐步探索出一套乌江水电梯级开发管理理念、管理模式和管理思路（图 4.4）。

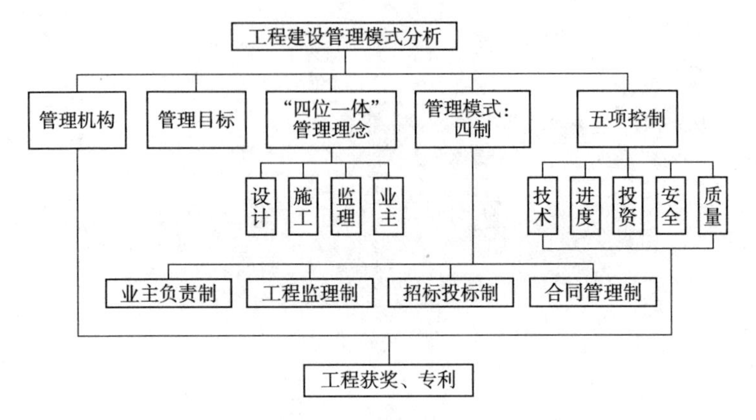


图 4.4　乌江梯级水电站管理模式分析示意图

### 4.4.5　“建管结合、无缝链接、平稳过渡”工程管理模式

在电站建设期，公司适时从所属单位抽调部分生产管理人员参加到工程建设中，全过程参与工程管理，掌握和控制机电设备的安装及质量监督情况。生产管理人员参与设计、招标与合同执行、安装监理、现场调试、检验验收等全过程的质量控制与管理。特别是在机组安装高峰时，从公司所属电站安排部分专业人员，负责计算机监控、机电保护、励磁等安装调试任务及现场协调、设备验收，有效解决了机组安装线多面广、人员不足的问题，为保证电厂安全稳定运行奠定了基础。由于生产人员提前介入、积极参与，建设与生产脱节的诸多问题得到最好的解决，使公司投产机组自投运以来均保持了良好的运行记录。

### 4.4.6　科技创新

乌江公司以科技为先导，牢固树立以科技创新和科技进步促进工程建设的方针，不断提升工程建设和安全生产的科技含量。工程建设起点高，优化设计，尽量采用新技术新工艺；安全生产以行业同类机组和集团最好水平机组指标为标准实行对标管理；通过乌江全流域梯级电站的联合调度优化，实现了节能增效的目的。在乌江梯级电站的工程建设中，结合工程实际情况开展了大量的科研工作和设计优化、施工优化工作，积极推广科研成果和新技术、新材料、新工艺的研究应用，有力地推动我国水电工程设计和施工技术的发展，显著提升了

行业整体水平。通过技术上的不断创新，填补了水电站建设的空白。

（1）在洪家渡电站工程建设中，工程院院士组成的专家组鉴定："洪家渡面板堆石坝筑坝技术在同类工程中总体处于国际先进水平，部分成果达到国际领先水平，电站大坝所采用的成套筑坝技术先进、可靠，部分技术填补了我国筑坝技术的空白"。电站厂房首次采用新型墙板式机墩及上部轻型钢一混凝土组合柱结构，有效解决了水电工程发电厂房土建工程与机电安装工程的施工干扰问题，实现了我国水电站地面厂房结构革命性变革，经过工程院院士组成的专家组鉴定，认为"厂房新型结构成果达到国际先进水平"。

（2）东风电站大坝双曲薄拱坝高162m，大坝厚高比仅0.163。在工程建设中，开展高薄拱坝的体型优化、混凝土防裂措施、狭窄河谷泄洪消能和强溶岩地区防渗及施工技术等一系列科研工作，为强岩溶地区、薄混凝土拱坝的设计、施工、混凝土防裂控制，以及狭窄河谷大泄量泄洪消能技术、狭窄河谷大泄量泄洪消能设计提供了宝贵的技术经验。特别是水库渗漏及防渗处理研究成果及应用，成为我国喀斯特强岩溶地区防渗工程设计和施工的成功典范。

（3）索风营电站大坝为全断面碾压混凝土重力坝，最大坝高115.8m。针对该工程特点，大坝采用了国内全断面碾压混凝土施工的先进技术以及在全段面碾压混凝土施工过程中制定了科学合理的施工技术措施，在大坝强约束区的混凝土采用全断面外掺氧化镁补偿混凝土的温降收缩，并在基础约束区、岸坡坝段的碾压混凝土中埋设PVC水管通制冷水冷却以减少混凝土内外温差。这些措施在国内碾压混凝土重力坝施工中尚属首创。"立体多层次、平面多工序"新型开挖施工方法及程序，成功解决了强岩溶地区控制大型地下厂房施工进度的关键问题，仅用14个月时间完成了地下厂房洞室群的开挖和支护工作，创造了国内同规模工程工期最短的施工纪录。优化发电厂房、导流系统和碾压混凝土入仓方式，直接节省投资约1.1亿元。应用碾压混凝土温度以"后控为主"的措施，采用"三段式"温度控制方法，成功解决了夏季高温时段碾压混凝土连续施工的技术难题。

（4）构皮滩电站大坝高232.5m，是世界上强岩溶地区已建成投产的最高混凝土双曲拱坝，通过优化大坝体型，解决了狭窄河谷高拱坝坝身开孔泄洪的安全和消能技术难题，其泄洪最大功率达4200万kW，为目前世界之最。首次采用国内自行研发制造的平移式缆机（30T）

及配套侧卸车，组织开展高拱坝优质快速施工成套技术研究，成功解决了狭窄河谷高拱坝施工、混凝土快速运输及入仓技术难题，总结提炼出“混凝土骨料二次风冷施工工法”“混凝土 U 形预应力锚索施工工法”等 6 项国家及省部级施工工法，并在其他大型水电工程中推广使用。

（5）思林电站采用高土石过水围堰，解决了狭窄河谷大流量施工期导流的技术难题。创国内先进水平，解决了狭窄河谷碾压混凝土快速施工入仓的筑坝技术难题，缩短大坝工期，直接节约工程投资约 1.1 亿元。“岩壁吊车梁混凝土施工工法”“岩壁吊车梁岩台（双向控爆法）开挖施工工法”荣获国家级工法称号。

（6）沙沱电站坝址多年平均气温 17.5℃，实测极端最高气温 42℃，极端最低气温是－5.4℃。历年各月极端最高气温平均 34.8℃，以 7 月、8 月最高，1 月最低。大坝为全断面碾压混凝土重力坝，大坝在夏季高温施工过程中，采用中热水泥和高温缓凝高效减水剂、优化施工配合比，使碾压混凝土在高温下初凝时间大于 10h。在仓面搭设遮阳篷、对仓面进行喷雾降温保湿、加强仓面管理、缩短层面结合时间，及时通水冷却等，为高温季节大坝碾压混凝土施工积累了宝贵经验。

（7）清水河大花水电站拦河大坝为抛物线双曲拱坝及重力墩，左岸为重力墩，右岸为双曲拱坝，大坝轴线总长 287.56m，最大坝高 134.50m，厚高比 0.171，是国内在建的最高碾压混凝土双曲薄拱坝。并创造了碾压混凝土连续上升 33.5m 的中国企业施工新纪录，其快速施工技术研究在 2007 年第 5 届碾压混凝土国际大坝会议上作了专题报告，国际大坝会议专家对大花水电站施工速度、施工质量给予高度评价。

### 4.4.7　企业文化

优良的企业文化对于企业员工具有激励约束功能，由于人类的动机、态度和行为由文化所决定，一个良好的、建立在涉及员工需要、抱负及基本价值观念基础上的企业文化模式对于管理层来说是一种具有无形价值的工具，它使管理层能最佳地发挥员工的作用。由于优良的企业文化代表了企业和员工的共同利益，给员工以关心、信任和鼓励，因而能使企业的目标成为员工的自觉行动，这种内驱动力比任何

外驱动力都要强大。企业的规章制度对员工的约束是硬性的，企业的伦理道德通过内化对员工形成一种无形的约束，其作用更为强大。正如英国学者杰夫·卡特赖特所说："权威要发挥作用，必须有支撑性的文化信念和价值观念来加以巩固。"

乌江公司在长期的发展中，继承乌江公司、华电贵州公司过去好的做法和经验，挖掘整理两个公司及所属各企业长期形成的宝贵文化资源，将传统思想、价值观念的精华与现代精神加以有效整合，在继承中创新、在弘扬中升华，形成了独具自身特色的企业文化，并且将企业文化与公司的发展紧密结合，被广大员工所认同。这种企业文化凝聚了职工思想、提高了干部职工队伍素质、促进企业和谐，是适应公司快速发展的形势，是实现公司成为以电为主的综合能源企业目标的客观需要。乌江公司的企业文化是企业在长期的发展过程中形成的独特个性，是企业群体的思维模式和行为方式，具体体现在企业的风俗、习惯、氛围、管理风格和做事的方式。具体包括：①核心价值是诚信、求实、尽责、奋进；②在发展中确立了开发能源、奉献社会的企业使命；③华电领先、行业典范的未来发展愿景；④秉持管理最优化、价值最大化的经营理念；⑤创新图强、和谐共赢的企业精神。

## 4.5 乌江梯级水电站集中运行管理

### 4.5.1 运行管理模式

以流域集控水调中心为梯级电站的调度中心，乌江公司实行以实现流域梯级电站的联合优化调度为目标的统一调度、统一管理的管理模式。集控中心主要负责乌江梯级水电站的整体优化统筹、洪水联合调度、电站主设备远程监控、通信自动化及信息化管理维护等工作。目前集控中心，可实现远程控制已建成的洪家渡、东风、索风营、乌江渡、构皮滩、思林等水电厂发电机组，通过电脑屏幕，各电厂主机间、开关站等设备运转情况尽收眼底。同样通过操作电脑，各已建电厂、在建电站流域来水信息，水库水位、发电用水情况等也是一清二楚。

同时以流域集控电力运行中心为梯级电站电力生产的监控和指挥中心，实现以流域梯级电站发电机组联合经济运行为目标的集中监控和统一生产调度的管理模式。集控水调中心、集控电力运行中心、下属各电站及省电网调度部门间协同管理的模式。

根据科斯的科层制进行分析，能够体现出乌江公司集中运行管理模式的本质特征。科层制是一种主要依赖于命令的治理机制，在等级分明的层级中，上下级之间是控制与被控制的关系，纵向命令关系，上级强制下级执行命令来协调各方的行动。理想的科层制通过一整套的规章制度和一个完整的监督的等级系统来限制理性决策的分散，即用集中决策、人为设计、分层管理的科层组织取代分散决策、自发形成、自由竞争的市场体系。要求企业的每一个个体通过理性的追求去实现企业的整体目标，提高整个企业的运行效率。在乌江梯级电站调度中，乌江公司的生产管理从对单站单库的管理转变为对各梯级电站的统一调度、统一管理以实现梯级效益的最优化。

### 4.5.2　梯级水电站运行调度水平分析

#### 4.5.2.1　水能利用提高率分析

水电站发电效益考核评价一直是水电站运行管理的重要工作。我国先后在 1979 年和 1986 年颁发了《水电站水库经济调度试行条例》和《水力发电增发电量奖励试行办法》。水能利用提高率作为水电站的一个重要动能指标，可用于考核水量、水头及机组运行效率的综合水平，能剔除不同来水情况、不同调节性能、不同工作位置的影响，同时反映水量与水头的利用，属于客观综合型水电站运行考核指标。

水能利用提高率以当年来水按照调度图预测电量为基准，是水电厂统计时段实际电量同考核电量的差值与考核电量的比值。计算公式如下：

$$\S = (E_{实际} - E_{核})/E_{核} \times 100\% \tag{4.1}$$

式中：$\S$ 为水能利用提高率，%；$E_{实际}$ 为年度实际发电量；$E_{核}$ 为年度考核发电量。

吴文慧等（2015）开展了乌江干流梯级水电站常规发电效益评价，计算了 2009—2013 年乌江干流梯级水电站水能利用提高率，结果见表 4.3。表 4.3 结果表明：2009—2013 年期间，乌江干流梯级水电站水能利用提高率为 2.6%。其中，2009—2011 年为负值，原因在于乌江流域来水整体偏枯，梯级水库调度余地不大；同时，水调服从电调，水库长期在低水位运行。2012 年乌江干流梯级水电站水能利用提高率为 10.6，这与当年乌江流域来水相对较丰，为水库优化调度创

造了有利条件。除思林水库水能利用提高率为－0.6%，原因在于保证下游生态流量，水库水文一直在低水位运行。

**表 4.3　2009—2013 年乌江干流梯级水电站水能利用提高率**

| 年份 | 洪家渡 | 东风 | 索风营 | 乌江渡 | 构皮滩 | 思林 | 梯级合计 |
|---|---|---|---|---|---|---|---|
| 2009 | －9.7% | －7.9% | 7.2% | －2.2% | | | －1.4% |
| 2010 | 3.1% | －4.6% | 7.6% | －0.3% | 0.0% | －9.3% | －1.0% |
| 2011 | －0.6% | 2.2% | 3.2% | 4.0% | －1.9% | －5.9% | －0.5% |
| 2012 | 13.3% | 7.5% | 12.3% | 12.2% | 10.5% | 8.5% | 10.6% |
| 2013 | 9.0% | 6.1% | 14.2% | 10.4% | －2.0% | 1.1% | 3.6% |
| 年均 | 1.0% | 0.0% | 9.1% | 4.6% | 2.6% | －0.6% | 2.6% |

**表 4.4　2005—2009 年乌江干流梯级水电站水能利用提高率**

| 年份 | 梯级电站水能利用提高率 | 年份 | 梯级电站水能利用提高率 |
|---|---|---|---|
| 2005 | 4.92% | 2008 | 5.40% |
| 2006 | 4.86% | 2009 | 4.90% |
| 2007 | 5.32% | 2010 | 4.37% |
| 年均 | 4.96% | | |

#### 4.5.2.2　弃水率分析

目前国家尚未制定水电弃水损失电量的定义和统计标准。实际工作中，主要由容量弃水损失电量和调峰弃水损失电量两种统计方法。

（1）容量弃水损失电量法：考虑电站自身因素后，按电站可调出力减去实际出力计算限负荷出力，然后乘以限负荷出力累计小时计算弃水损失电量。南方电网公司区域主要采取此方法。

（2）调峰弃水损失电量法：弃水日水电厂实际最大调度允许出力乘 24 小时，再减去当日实际发电量，差额部分为调峰弃水损失电量。国家电网公司区域主要采取此方法。

弃水率是指统计周期内水电站弃水电量与发电量的百分比，即：

$$CR = 100 \times \frac{CE}{CE + COE} \tag{4.2}$$

式中：$CR$ 为弃水率，%；$CE$ 为弃水损失电量；$COE$ 为水电站实际发电量。

### 4.5.3　应对西南大旱背景下乌江梯级水电站联合优化调度及效益分析

全球气候变化使极端天气发生的频率和强度增大（Houghton，2001；Bolin，2003；Hansen，2005；秦大河，2007；水利部应对气候变化研究中心，2008；陈洪滨和范学花，2010）。极端天气事件具有异常性、突发性、局地性特征，给人类带来的损失也越来越大。2001 年的干旱引起巴西水电发电量大幅下降，GDP 随之减少 1.5%（米尔扎，2009）。极端气象事件引起温度、降水和风 3 种气候因子异常。在众多极端气象事件中，旱灾和洪涝灾害的发生频率相对较高，并对梯级水电站的运行产生深远影响。已有应对极端天气的水库调度研究，多针对气候变化对降水量和径流量的影响（张建敏，2000；邵春等，2008；夏军等，2008），未见应对极端天气的梯级水电站联合调度的研究报道。

本书从流域梯级水电站联合调度角度，收集整理西南大旱期间乌江梯级水电站运行调度数据，定量分析应对西南大旱背景下乌江梯级水电站联合调度原则和抗旱效果，以及由此带来的生态效益，研究结果对于丰富和完善极端天气背景下梯级水电站的适应性管理具有重要意义。

#### 4.5.3.1　应对西南大旱背景下乌江梯级水电站联合优化调度分析

（1）乌江流域降雨及天然来水情况。2009 年 9 月至 2010 年 4 月，乌江流域降雨比去年同期降雨偏少 35%～65%，以洪家渡—索风营流域降雨减少最为显著（表 4.5）。2009 年乌江流域属于枯水年，天然来水量在有记录以来的 70 年历史资料中排名倒数第 5 位。2009 年 9 月至 2010 年 4 月，乌江流域各区间天然来水比多年平均偏少 54%以上（表 4.6）。

**表 4.5　2009 年 9 月至 2010 年 4 月乌江梯级降雨情况统计表**　单位：mm

| 项　目 | 洪家渡 | 东风 | 索风营 | 乌江渡 | 构皮滩 | 思林 |
|---|---|---|---|---|---|---|
| 2009 年 9 月至 2010 年 4 月累计面雨量 | 161.5 | 211.9 | 159.1 | 205.7 | 272.7 | 332.9 |
| 2008 年 9 月至 2009 年 4 月累计面雨量 | 412.4 | 578.4 | 450.7 | 472.3 | 493.3 | 511 |
| 同比差值 | −250.9 | −366.5 | −291.6 | −266.6 | −220.6 | −178.1 |
| 同比百分率/% | −61 | −63 | −65 | −56 | −45 | −35 |

注　流域多年平均降雨值取自省气象台水电专题预报中的各月累计值。

**表 4.6　　2009 年 9 月至 2010 年 4 月期间乌江流域各区间来水量**　　单位：$m^3$

| 项目 | 洪家渡 | 洪东区间 | 东索区间 | 索乌区间 | 乌构区间 | 构思区间 | 合计 |
|---|---|---|---|---|---|---|---|
| 2009 年 9 月至 2010 年 4 月 | 7.2 | 7.5 | 0.9 | 2.6 | 20.4 | 7.3 | 46.0 |
| 多年平均同期 | 18.9 | 20.3 | 5.7 | 10.5 | 28.3 | 15.5 | 99.2 |
| 同比差值 | −11.7 | −12.8 | −4.8 | −7.9 | −7.9 | −8.2 | −53.3 |
| 同比百分率/% | −61.7 | −63.0 | −83.5 | −75.5 | −27.9 | −53.1 | −53.7 |

**注**　多年平均数据由 1952—2007 年数据计算。

（2）梯级水库入库流量。2009 年 9 月至 2010 年 4 月，乌江流域各梯级电站平均入库流量比 2005 年 9 月至 2006 年 4 月、2006 年 9 月至 2007 年 4 月、2007 年 9 月至 2008 年 4 月 3 个时段的平均值有大幅度减少。其中，洪家渡水库入库流量减少最多，同比减少百分率达到 59%；思林水库入库流量减少最少，同比减少百分率达到 18%；其余 4 座水库的入库流量减少百分率维持在 40%左右（表 4.7）。思林电站入库流量减少量小与梯级电站联调原则中确保思林电站生态流量有关。

**表 4.7　　2009 年 9 月至 2010 年 4 月期间乌江流域各梯级水电站入库流量**　　单位：亿 $m^3/s$

| 项　目 | 洪家渡 | 东风 | 索风营 | 乌江渡 | 构皮滩 | 思林 |
|---|---|---|---|---|---|---|
| 2009 年 9 月至 2010 年 4 月平均 | 34.72 | 143.73 | 157.35 | 169.59 | 260.79 | 306.46 |
| 2005 年 9 月至 2008 年 4 月平均 | 84.36 | 224.78 | 264.83 | 305.52 | 461.62 | 372.44 |
| 同比差值 | −49.65 | −81.05 | −107.49 | −135.93 | −200.83 | −65.97 |
| 同比百分率/% | −59 | −36 | −41 | −44 | −44 | −18 |

从空间分布上，由于洪家渡多年调节水库的调蓄作用，下游梯级电站的入库流量差值明显比洪家渡水库的差值小，经过洪家渡与构皮滩水库的梯级联合调度，下游思林水库入库流量趋于稳定（图 4.5）。从时间分布上，2005 年以来，1—4 月各电站入库流量均小于 9—12 月。主要原因在与 5—10 月为乌江流域的雨季，降雨量较非汛期增加。

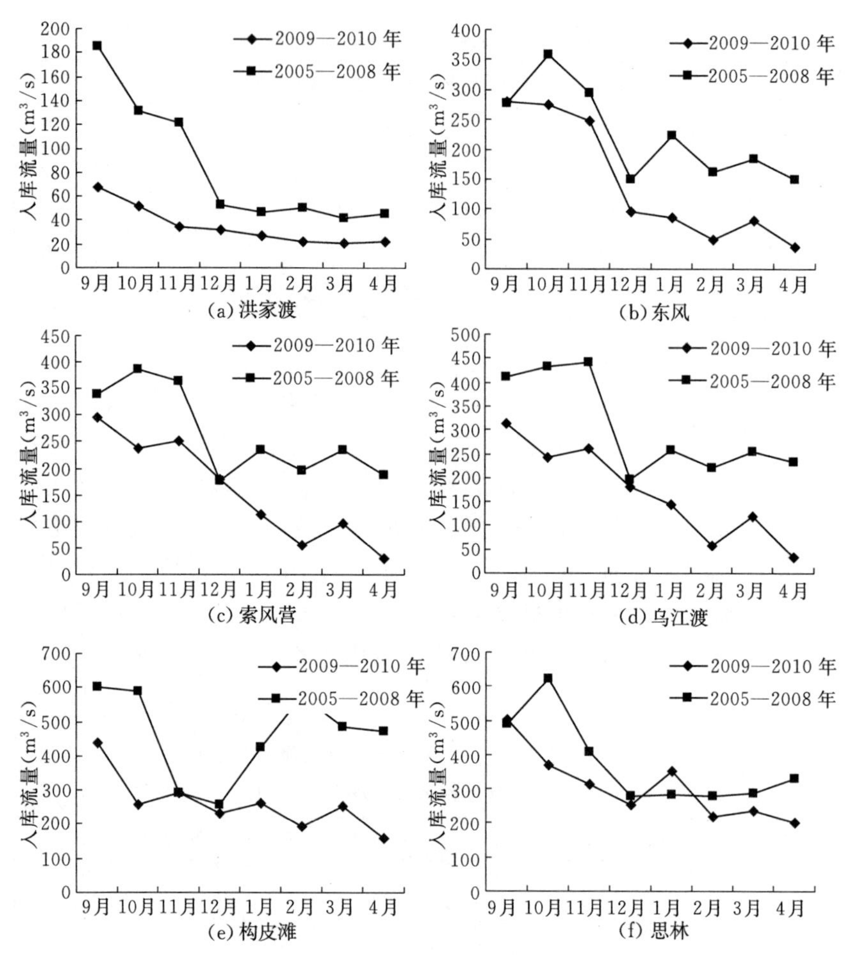


图 4.5　2009 年 9 月至 2010 年 4 月期间乌江流域各梯级水库入库流量

(3) 梯级水库出库流量。2009 年 9 月至 2010 年 4 月，乌江流域各梯级电站平均出库流量比 2005 年 9 月至 2006 年 4 月、2006 年 9 月至 2007 年 4 月、2007 年 9 月至 2008 年 4 月 3 个时段的平均值有大幅度减少。4 座水库出库流量同比减少百分率在 40%左右（表 4.8）。

**表 4.8　2009 年 9 月至 2010 年 4 月期间乌江流域各梯级水电站出库流量**

单位：亿 $m^3/s$

| 项　目 | 洪家渡 | 东风 | 索风营 | 乌江渡 |
|---|---|---|---|---|
| 2009 年 9 月至 2010 年 4 月平均 | 99.77 | 151.68 | 157.32 | 186.47 |
| 2005 年 9 月至 2008 年 4 月平均 | 136.30 | 247.38 | 276.43 | 314.94 |

续表

| 项　目 | 洪家渡 | 东风 | 索风营 | 乌江渡 |
|---|---|---|---|---|
| 同比差值 | －36.53 | －95.70 | －119.11 | －128.47 |
| 同比百分率/% | －40 | －39 | －43 | －41 |

(4) 梯级水库水位。2009年9月至2010年4月期间，乌江流域各梯级水库水位均低于2005年9月至2006年4月、2006年9月至2007年4月、2007年9月至2008年4月3个时段的平均值，并以洪家渡水库减少最为显著（－12.99m）。尽管索风营水库蓄水变量为正值，但库区水位2009年9月至2010年4月期间比2005—2008年同期平均值低（表4.9）。

**表4.9　　2009年9月至2010年4月期间乌江流域各梯级水库水位统计**　　单位：m

| 项　目 | 洪家渡 | 东风 | 索风营 | 乌江渡 |
|---|---|---|---|---|
| 2009年9月至2010年4月平均 | 1091.85 | 947.44 | 828.8 | 745.82 |
| 2005年9月至2008年4月平均 | 1104.84 | 956.44 | 830.32 | 748 |
| 同比差值 | －12.99 | －9 | －1.52 | －2.18 |
| 同比百分率/% | －1.18 | －0.94 | －0.18 | －0.29 |

(5) 梯级电站发电量。2009年9月至2010年4月期间，乌江各梯级水电站发电量见表4.10和图4.6。表4.7表明，尽管洪家渡入库流量同比减少59%，通过乌江梯级水库联合调度，乌江梯级发电量仅减少38%。通过洪家渡的梯级补偿作用，可提高下游各梯级水电站水位，增加下游水电站和梯级综合的发电量（图4.6）。

**表4.10　　2009年9月至2010年4月期间乌江流域各电站发电量**　　单位：kW·h

| 项　目 | 洪家渡 | 东风 | 索风营 | 乌江渡 | 梯级综合（不含构皮滩和思林） |
|---|---|---|---|---|---|
| 2009年9月至2010年4月平均 | 59091 | 81432 | 57709 | 106933 | 305165 |
| 2005年9月至2008年4月平均 | 80307 | 133668 | 99035 | 175622 | 488632 |
| 同比差值 | －21216 | －52236 | －41326 | －68689 | －183467 |
| 同比百分率/% | －26 | －39 | －42 | －39 | －38 |

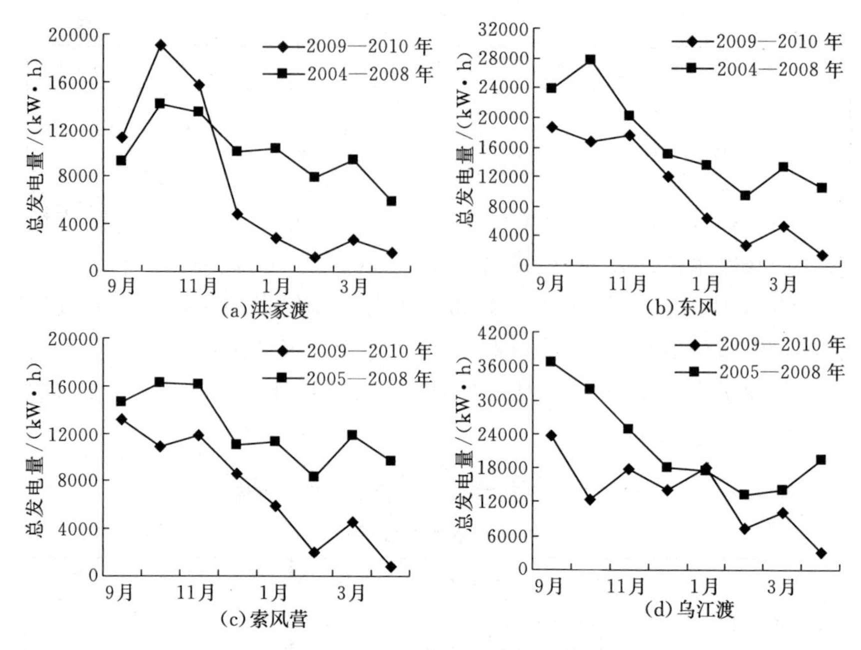


图 4.6 乌江流域各梯级水库发电量对照

#### 4.5.3.2 维持思林水电站生态流量的效益分析

(1) 航运直接经济效益。乌江干流大乌江镇至沿河县城河段为通航河段，但目前仅有客运分段航行。思林坝下沙沱库区内，包括邵家桥至思南县城、思南县城至潮砥、思南至红石梁等多条客运航线。按照市场价值法，2009 年 9 月至 2010 年 4 月期间，思林坝下的沙沱库区客运航道收益可作为应当西南大旱梯级调度的航运直接经济收益。计算公式见式 (4.3)：

$$Y_1 = Q_1 C_1 \tag{4.3}$$

式中：$Y_1$ 为航运收益，万元；$Q_1$为客运量，万人次；$C_1$为客运票价，元/人次。思南县水上运输完成客运量根据《思南交通事业发展“十二五”规划（征求意见稿）》[1] 折算，客运票价为思南县 2010 年水路客运里程标价表[2]中的平均票价。经式 (4.3) 计算，客运经济效益为 136.4 万元。

---

[1] http://forum.china.com.cn/thread-807835-1-1.html

[2] http://www.sinan.gov.cn/art/2010/8/20/art_122_1786.html

(2) 城市供水效益。根据《乌江构皮滩和思林水电站初期蓄水对下游影响调查分析报告》[1]《乌江思林水电站环境影响报告书》[2]和《乌江沙沱水电站环境影响报告书》[3]，受思林电站下闸断流影响，思南县城和沿河县城供水系统的两处取水口取不到水的概率甚大。因此，两处取水口的供水效益可作为西南大旱梯级调度的效益之一。

思南县城乌江取水口位于思林水电站坝址下游20.3km和思南县城上游2.7km处，包括乌江河水取水口和泉水取水口。目前，供水生产规模为1.3万t/d，实际供水量为1.0万t/d。枯水期水厂取用泉水的水量约占40%，其余60%水量由乌江河水取水补充。汛期取用泉水水量约占80%，其余20%水量由乌江河水取水补充（孙显春等，2008）。沿河县城取水口位于乌江干流右岸，采用深井式取用乌江河水。该取水口承担县城约7万人供水任务。取水口取水规模为2.2万t/d，最低取水位为285.3m。

西南大旱期间，通过梯级联合调度，确保了思林水电站193$m^3$/s的生态流量，确保了思南县城和沿河县城的生活供水。城市生活供水效益的计算公式见前人研究结果（王延红等，2007）。经计算，在2009年9月至2010年4月思南县城取水口和沿河县城取水口供水量分别为146.4万$m^3$和272.8万$m^3$，总供水量为419.2万$m^3$，总供水效益为0.284亿元。

(3) 生态系统服务价值评估。生态系统服务是指人类通过生态系统的各种功能直接或间接得到的产品和服务（Costanza等，1997）。生态系统服务功能是指生态系统与生态过程所形成与维持的人类赖以生存的自然环境条件与效用（Daily，1997）。由于生态系统服务的经济价值不能完全在商品市场得到反映，通常在决策中给予太小的权重，这种对生态系统服务的忽略可能最终危及生物圈的可持续。经验研究表明，生态价值的定量评估不仅是可能的，而且是高效、合理配置竞争性需求的环境资源的基础。本书采用的单位生态价值为粟晓玲等（2006）的研究成果。以思林

---

[1] 长江水利委员会长江勘测设计研究院：乌江构皮滩和思林水电站初期蓄水对下游影响调查分析报告，2008年8月。

[2] 中国水电顾问集团贵州勘测设计院. 乌江思林水电站环境影响报告书，2005年6月。

[3] 中国水电顾问集团贵州勘测设计院. 乌江沙沱水电站环境影响报告书，2006年6月。

坝下沙沱库区及库土地利用及生态价值为基本参数，计算了确保思林生态流量带来的生态系统服务功能价值。沙沱库区及库周年生态系统服务价值合计 0.66 亿元，合计 4.38 亿元。2009 年 9 月至2010 年 4 月共计 8 个月，因此，生态系统服务折算值为 3.285 亿元。

（4）综合生态效益分析。生态系统服务评估方法是一种“存量”的估算方法，即估算整个生态系统提供的总价值量。直接计算水电开发和梯级水电调度对河流生态系统服务价值的变化量，以此指标评估梯级水电调度对河流生态系统服务价值的影响，属于“流量”估算方法。本文对航运和生活供水效益分别进行了计算。但是，由于水生生物需水和景观需水的生态价值无法定量计算，本文将应用生态系统价值评估方法得出的沙沱库区和库周的生态系统服务价值作为乌江流域梯级联调应当西南大旱的最大生态效益，以航运和生活供水效益定量计算结果作为乌江流域梯级联调应当西南大旱的直接生态效益。因此，乌江流域梯级联调应当西南大旱的生态效益应为 0.2976 亿～3.285 亿元。

### 4.5.4　应对 20081106 洪水的乌江梯级水电站联合优化调度效果分析

2008 年 10 月底 11 月初，受连续强降雨影响，11 月初洪家渡流域发生一场自 1957 年有实测资料以来，时间最晚的汛末洪水，洪水过程持续时间约 10 天（入库 $500m^3/s$ 以上时间）。洪家渡流域 2 日洪峰流量达到 $1420m^3/s$、11 月 6 日达到 $1680m^3/s$，属于典型的复峰洪水，主峰在后。根据《洪家渡水文系列延长及参数复核专题报告》，洪家渡 11 月的洪水超过 200 年一遇（$1430m^3/s$）。本书从流域梯级水电站联合调度角度，收集整理 20081106 洪水期间乌江梯级水电站运行调度数据，综合分析应对洪涝灾害背景下乌江梯级水电站联合调度效果。

#### 4.5.4.1　乌江流域降雨情况

2008 年 10 月 24 日至 11 月 6 日期间，乌江流域降雨为非汛期集中强降雨，主要特征为 3 次降雨过程的 3 日雨量均相对较（表 4.11）。

**表 4.11　　乌江流域2008年非汛期连续性较强降雨过程**　　单位：mm

| 项目 | 洪家渡3日面雨量 | 东风区间3日面雨量 | 索风营区间3日面雨量 | 乌江渡区间3日面雨量 |
|---|---|---|---|---|
| 10月24—26日 | 36.5 | 24.7 | 17.1 | 35.6 |
| 10月30至11月1日 | 42.5 | 57.1 | 41.3 | 53.7 |
| 11月4—6日 | 28.0 | 31.3 | 28.8 | 35.1 |

经统计，2008年10月，洪家渡流域降雨天数达29天，仅有20日、21日两天未降雨，累计流域平均降雨122.8mm，比多年平均降雨量（79.9mm）偏多54%。东风区间流域10月的降雨天数为23天，累计流域平均降雨量113.66mm，比同期多年评价降雨量（81.4mm）偏多40%。乌江渡区间流域10月降雨天数达29天，仅有1日、23日未降雨，累计流域平均降雨123.79mm。2008年11月，洪家渡流域累计流域平均降雨63.8mm，比多年平均同期降雨量（37.3mm）偏多71%，东风流域累计流域平均降雨84.9mm，比多年平均同期降雨量（40.1mm）偏多112%。

2008年10月洪家渡和洪东区间流量比多年平均同期偏多49%和41%，11月洪家渡区间流域流量比多年平均同期偏多264%，东索区间和索乌区间的差值百分率进一步扩大为361%和339%（表4.12）。

**表 4.12　　2008年10—11月乌江流域各区间流量**　　单位：$m^3/s$

| 项目 | 洪家渡 | 洪东区间 | 东索区间 | 索乌区间 |
|---|---|---|---|---|
| 2008年10月 | 224.1 | 262.8 | 54.3 | 78.7 |
| 多年平均10月 | 150 | 186 | 46.1 | 76.5 |
| 同比差值 | 74 | 77 | 8 | 2 |
| 同比百分率/% | 49.4 | 41.3 | 17.8 | 2.9 |
| 2008年11月 | 316.6 | 277.0 | 138.4 | 235.4 |
| 多年平均11月 | 86.9 | 99.1 | 30 | 53.6 |
| 同比差值 | 229.7 | 177.9 | 108.4 | 181.8 |
| 同比百分率/% | 264 | 180 | 361 | 339 |

#### 4.5.4.2　乌江梯级水电站入库流量

在10月底遭遇了洪峰流量为$720m^3/s$的10年一遇洪水后，仅隔两天，于 11 月 1 日又遭遇强降雨影响，洪家渡流量从 231m³/s（1 日 5 时）缓慢起涨，至 1 日 17 时达 484m³/s，其后迅猛上涨，2 日 4 时达到峰值 1420m³/s，(200 年一遇)，其后缓慢退水。11 月 5 日，流域又降中雨，面雨 24.75mm，洪家渡流量从 6 日 0 时 480m³/s 再次迅速上涨，最大至 1680m³/s（6 日 6 时）。据历史资料统计，每年 11 月至次年 4 月，洪家渡有水文资料记录以来还从未出现过洪峰流量超 500 m³/s 的洪水。本次洪水历时 11 天 8 小时，洪量 5.6256 亿 m³（图 4.7)。

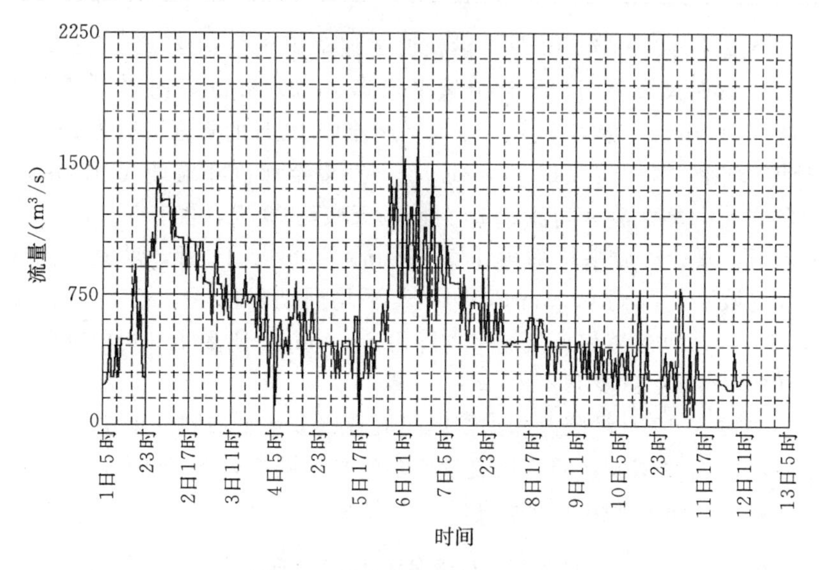


图 4.7　洪家渡入库流量过程线

(开始时间：2008/11/01 05：00—结束时间：2008/11/12 13：00)

东风区间流量从 11 月 1 日 12 时 46m³/s 起涨，2 日 13 时达到 600m³/s，其后逐渐退水。东风入库流量 11 日 1 时 12 时流量 644m³/s，逐渐缓涨至 760m³/s（2 日 7 时)，受洪家渡开闸影响，2 日 8 时增至 1800m³/s，至 3 日 12 时流量维持在 2000m³/s 至 2240m³/s，后入库有所减小，受 5 日降雨上游开闸影响，东风最大入库达 3064m³/s（6 日 9 时)。历时 9 天 23 小时，洪量 9.4016 亿 m³。

索风营流量从 11 月 1 日 19 时 702m³/s 起涨，2 日 7 时缓涨至 860 m³/s，受东风开闸影响，2 日 8 时增至 1369m³/s，最高达 4300m³/s（6 日 14 时)。索风营的洪水历时 9 天 19 小时，洪量 10.8711 亿 m³。

乌江渡区间流量从 11 月 1 日 8 时 334 m³/s 起涨，2 日 9 时达到

峰值 1957 $m^3/s$，其后逐渐退水，5 日受降雨影响，区间流量迅速上涨，最大达 2321$m^3/s$（6 日 20 时）。乌江渡入库流量 11 日 1 时 8 时流量 540 $m^3/s$，涨至 1400 $m^3/s$（1 日 10 时），受索风营开闸影响，2 日 13 时增至 1500 $m^3/s$，其后最大达 6450$m^3/s$（11 月 6 日 17 时）。乌江渡洪水历时 10 天 6 小时，洪量 15.8771 亿 $m^3$。

#### 4.5.4.3 月末可用水量

2008 年 10 月末，多年调节水库洪家渡水库月末可用水量比 2005 年 10 月、2006 年 10 月、2007 年 10 月末 3 个时段的平均值显著偏多 266%，东风、索风营和乌江渡月末可用水平比 2005—2007 年同期偏多 40%以上。2008 年 11 月末，洪家渡水库月末可用水量比 2005—2007 年同期偏多现象进一步扩大，增至 392%。20081106 洪水导致梯级综合 10—11 月末可用水量比 2005—2007 年同期偏高 136%和 162%（表 4.13）。

**表 4.13　2008 年 10—11 月乌江流域梯级水电站月末可用水量情况**

单位：亿 $m^3$

| 项目 | 洪家渡 | 东风 | 索风营 | 乌江渡 | 梯级综合 |
|---|---|---|---|---|---|
| 10 月 | 30.52 | 4.30 | 0.53 | 11.81 | 47.16 |
| 2005—2007 年同期 | 8.33 | 3.01 | 0.36 | 8.31 | 20.01 |
| 同比差值 | 22.19 | 1.29 | 0.17 | 3.50 | 27.15 |
| 同比百分率/% | 266 | 43 | 49 | 42 | 136 |
| 11 月 | 29.82 | 3.98 | 0.40 | 11.16 | 45.36 |
| 2005—2007 年同期 | 6.06 | 2.74 | 0.43 | 8.08 | 17.32 |
| 同比差值 | 23.76 | 1.25 | −0.03 | 3.07 | 28.04 |
| 同比百分率/% | 392 | 45 | −7 | 38 | 162 |

#### 4.5.4.4 梯级水库发电量

2008 年 10—11 月乌江梯级水电站发电量见表 4.14。对比表 4.12～表 4.14 结果，2008 年 11 月洪家渡和东风流域累计平均降雨比多年平均同期偏多 71%～112%，经乌江梯级水电站联合优化调度后，梯级综合月末可用水量比 2005—2007 年同期偏高 162%，东风、索风营和乌江渡电站的发电量比 2005—2007 年同期偏多 112%、133%和

210%。其中，洪家渡电站偏多值为 87%，低于下游 3 个梯级电站。这与梯级补偿调度有关，通过洪家渡的梯级补偿作用，提高下游电站水位，增加下游电站和梯级综合的发电量。

**表 4.14　　2008 年 10—11 月乌江流域梯级水电站发电量情况**　　单位：万 kW·h

| 项目 | 洪家渡 | 东风 | 索风营 | 乌江渡 | 梯级综合 |
| --- | --- | --- | --- | --- | --- |
| 10 月 | 15279.21 | 27024.34 | 17925.89 | 28288.01 | 88517.46 |
| 2005—2007 年同期 | 14382.13 | 24846.37 | 15745.34 | 26354.15 | 81327.99 |
| 同比差值 | 897.08 | 2177.97 | 2180.55 | 1933.86 | 7189.47 |
| 同比百分率/% | 6 | 9 | 14 | 7 | 9 |
| 11 月 | 23350.65 | 38414.15 | 28193.70 | 58143.63 | 148102.1 |
| 2005—2007 年同期 | 12459.58 | 18140.94 | 12097.89 | 18760.63 | 61459.04 |
| 同比差值 | 10891.07 | 20273.21 | 16095.81 | 39383.00 | 86643.08 |
| 同比百分率/% | 87 | 112 | 133 | 210 | 141 |

根据乌江流域来水情况、电网负荷需求和梯级电站运行情况，针对 2008 年 11 月 6 日洪水特征，综合分析乌江域梯级电站联合优化调度经验，包括：

(1) 调度过程中，为避免索风营水库汛期弃水，一方面加大东风的调节作用，另一方面提前降低索风营水库水位，通过错峰削峰等措施，在 6 级泄洪的情况下确保索风营水库汛期不弃水，确保整体梯级蓄水电能值最大。

(2) 预计必须弃水且洪峰未现时，各级水库不宜拦蓄，需预留一定空间以便调度时有调蓄余地。

(3) 及时拦蓄洪水，洪家渡水电站发挥龙头电站作用，在洪水期间少发或不发电，拦蓄洪水蓄高水位。在全流域内实现“统一调洪、分级拦蓄洪水”，有效地使最大泄洪流量降到最低，保障梯级各电站安全度汛。

(4) 按照“保证大坝安全、先蓄下游后上游、汛末蓄满梯级水库”的原则有效拦蓄洪尾，增加汛末梯级蓄水量提高梯级水库整体蓄能。

# 参考文献


[1] 陈洪滨，范学花. 2009年极端天气和气候事件及其他相关事件的概要回顾[J]. 气候与环境研究，2010，15（3）：322-336.

[2] 贵州乌江水电开发有限责任公司. 可持续发展战略分报告二——战略定位、发展目标[R]. 2006.

[3] 米尔扎，常箭. 气候变化对水力发电的影响[J]. 水利水电快报，2009，30（2）：9-11.

[4] 秦大河，陈振林，罗勇，等. 气候变化科学的最新认知[J]. 气候变化研究进展，2007，3（2）：63-73.

[5] 邵春等. 气候变化对寒区水循环的影响研究进展[J]. 冰川动土，2008，30（1）：72-80.

[6] 水利部应对气候变化研究中心. 气候变化权威报告——IPCC报告[J]. 中国水利，2008，2：38-40.

[7] 粟晓玲，康绍忠，佟玲. 内陆河流域生态系统服务价值的动态估算方法与应用——以甘肃河西走廊石羊河流域为例[J]. 生态学报，2006，26（6）：2011-2019.

[8] 孙显春，李婉滢，刘燕. 沙沱水电站对思南县城生活饮用水的影响与对策研究[J]. 水力发电，2008，34（7）：26-28.

[9] 王洛林，魏后凯. 中国西部大开发政策[M]. 北京：经济管理出版社，2003.

[10] 王延红，赵大洲，丁大发. 黄河水量统一调度经济效果分析[J]. 人民黄河，2007，29（5）：9-11，28.

[11] 吴文慧，张双虎，张忠波，蒋云钟，张锐. 梯级水库集中调度发电效益考核评价研究：以乌江梯级水库为例[J]. 水力发电学报，2015，34（10）：60-69.

[12] 夏军，李璐，严茂超，褚健婷. 气候变化对密云水库水资源的影响及其适应性管理对策[J]. 气候变化研究进展，2008，4（6）：319-323.

[13] 张建敏，黄朝迎，吴金栋. 气候变化对三峡水库运行风险的影响[J]. 地理学报，2000，55（s1）：26-33.

[14] Bolin B. Climate，knowledge and understanding，necessity for action in conditions ancertainness [C] //Proceedings of World Conference on Climate Change. Moscow，2003：9-13.

[15] Costanza R，d'Arge R，de Groot R，et al. The value of the world's ecosystem services and natural capital [J]. Nature，1997，387：253～260.

[16] Daily G C.. Nature's Services：Societal Dependence On Natural Ecosystems [M]. Washington D C：Island Press，1997.

[17] Hansen J，Nazarenko L，Ruedy R，et al. Earth's energy imbalance：Confir-

mation and implications [J]. Science, 2005, 308: 1431 - 1435.

[18] Houghton J T, Ding Y, Griggs D J, et al. The International Panel for Climate Change (IPCC) 2001: The Scientific Basis [M]. New York: Cambridge University Press, 2001.

# 第5章　乌江水电社会经济可持续评价

## 5.1　乌江水电管理经验的经济效益

### 5.1.1　工程建设管理经验经济

通过实施“四位一体”“建管结合、无缝链接”的工程建设管理模式，乌江公司在工程建设过程中，通过不断优化设计和管理，不仅节省了造价，还提高了效率。

在洪家渡水电建设过程中，通过工程量优化，招投标设计阶段比初步设计阶段节约投资2.94亿元，施工详图阶段比招投标设计阶段又节约投资1.75亿元，共节约工程投资4.69亿元；洪家渡电站从原装机54万kW调整为600万kW及“一洞三机”改为“三洞三机”，所增加的单位千瓦工程投资仅为2206.69元，与新建同等装机规模水电站的单位千瓦工程投资（按5000元/kW）相比，共节约工程投资约1.67亿元；洪家渡总工期提前了2年零3个月，按洪家渡水电站多年平均发电量15.59亿kW·h计算，可增发电量35亿kW·h，按0.22元/kW·h电价计算，共增加产值7.72亿元。以上3项合计效益为14.08亿元。

索风营水电站工程自2000年年底开始筹建以来，于2002年胜利实现“当年开工，当年截流”的目标。2003年地下厂房仅用14个月开挖完成，比合同工期提前5个月，创造了国内同类工程施工速度最快的记录。通过设计和施工管理优化，累计节省工程投资2亿多元。通过实行“小业主、大监理”管理模式，节省建设管理费200余万元。该管理模式并获得了2003年度贵州省企业管理现代化创新成果奖。索风营水电站通过优化设计，单位千瓦造价大大低于全国平均水平的8000～10000元，创造了同期国内水电工程单位千瓦投资的最优业绩。

构皮滩水电站在岩溶地区建设双曲薄拱坝，为满足主体连续浇筑施工技术要求，乌江公司自己投资建设了30万t规模的水泥厂，在保证质量的同时，仅运输成本一项就节省投资 1600 多万元。

在节省概算投资的前提下，乌江流域各电站工程均比审定工期提前。2003 年乌江渡水电站扩级工程实现“一年双投”，比审定工期提前 7 个月；2004 年洪家渡水电站实现“一年三投”，比审定工期提前 2 年零 3 个月；2006 年索风营水电站 3 台机组全部投运，比审定工期提前 4 个月；2009 年构皮滩实现“一年五投”，创造了 60 万 kW 水轮发电机组“一年五投”的水电建设新纪录，比审定工期提前 20 个月；2009 年思林水电站实现“一年四投”，比审定工期提前 7 个月。经测算，以上电站提前投产可产生经济效益达 41.55 亿元。

综上，乌江梯级水电工程建设管理模式的经济效益达 50.09 亿元，占乌江公司水电完成投资 349 亿元（截至 2009 年底）的 14.4%（表 5.1）。

**表 5.1　乌江梯级水电工程建设管理模式的经济效益**

| 水电工程 | 优化措施 | 效益 |
|---|---|---|
| 洪家渡 | 建设阶段工程量优化 | 4.69 亿元 |
| | 工艺改造 | 1.67 亿元 |
| | 工期提前 | 27 个月 |
| 索风营 | 设计施工管理优化节约工程投资 | 2 亿元 |
| | “强业主、大监理”管理模式节约建设管理费 | 0.02 亿元 |
| | 工期提前 | 5 个月 |
| 构皮滩 | 节约运输成本 | 0.16 亿元 |
| | 工期提前 | 20 个月 |
| 思林 | 工期提前 | 7 个月 |
| 合计 | | 50.09 亿元 |

### 5.1.2　集中运行管理经验的经济效益

#### 5.1.2.1　乌江流域梯级联合优化调度节水增发电量效益计算

（1）计算方法。水电站经济效益能否充分发挥，很大程度取决于水库的调度方式合理与否。衡量水电站水库经济调度效果的标准应该是指在既定的径流状态下，由于调度方式优劣影响发电水量利用率的变化，从而导致发电量的变化。对水电站而言，来水是决定其发电量大小的内因，系统提供的运行条件是其外因。通过节水增发电考核可

评价水电站扣除水工设施条件差异后，对来水和系统提供的运行条件的利用程度，以提高水电站对水能资源的利用水平。现阶段节水增发电量采用的主要评价指标是在考核期间内水电站水能利用提高率，其计算公式如下：

$$\eta_{核} = \frac{E_{实} - E_{核} + \Delta E}{E_{核}} \times 100\% = \frac{E_{增}}{E_{核}} \times 100\% \tag{5.1}$$

式中：$\eta_{核}$为水能利用提高率；$E_{实}$为计算期内实发电量；$E_{核}$为计算期内考核电量；$\Delta E$为计算期内库容差电量；$E_{增}$为计算期内节水增发电量。

(2) 2010 年乌江梯级电站节水增发效益计算结果。根据式(5.1)，乌江干流梯级水电站 2010 年的节水增发电量计算结果见表 5.2。结果表明，2010 年构皮滩电站增发电量居各梯级电站之首，为 1.89 亿 kW·h，乌江梯级共增发电量 6.495 亿 kW·h。按当年乌江梯级平均统一水电价格 0.262 元/(kW·h) 计算，可为乌江公司带来 1.703 亿元的经济效益。

**表 5.2　2010 年乌江梯级节水增发电量计算结果**　单位：万 kW·h

| 水电站 | 考核电量 | 实发电量 | 库容差电量 | 水能利用提高率/% | 增发电量 |
|---|---|---|---|---|---|
| 洪家渡 | 78213.21 | 59300 | 21026.33 | 2.70 | 2113.12 |
| 东风 | 186747.84 | 163000 | 33275.61 | 5.10 | 9527.77 |
| 索风营 | 144136.86 | 130000 | 21796.96 | 5.31 | 7660.1 |
| 乌江渡 | 273563.69 | 256000 | 31298.24 | 5.02 | 13734.55 |
| 构皮滩 | 557685.56 | 558000 | 18624.83 | 3.40 | 18939.27 |
| 思林 | 247373.6 | 251000 | 9351.08 | 5.25 | 12977.48 |
| 合计 | 1487720.76 | 1417300 | 135373.05 | 4.37 | 64952.29 |

#### 5.1.2.2　2005—2010 年乌江梯级水电优化调度综合效益

2005—2010 年乌江梯级水电站优化调度效益见表 5.3。乌江流域大型复杂水电站群联合优化调度系统投入运行以来，在生产调度过程中发挥了极其重要的作用，不仅实现了安全运行、经济运行和优化调度，也创造了巨大的经济效益。2004 年投入运行以来，通过“抬高水头降低耗水率、实时优化负荷分配与控制、洪水资源优化利用减少弃水”等主要优化手段，在不增加额外投资的前提下，2005—2010 年共计增加发电量 32.27 亿 kW·h，占同期乌江公司水电发电量的

5.69%；实现增效 7.536 亿元（表 5.3），占同期乌江公司水电销售收入的 5.56%。

**表 5.3　乌江梯级水电站 2005—2010 年优化调度效益统计**

| 项目 | 2005 年 | 2006 年 | 2007 年 | 2008 年 | 2009 年 | 2010 年 | 合计 |
|---|---|---|---|---|---|---|---|
| 优化电量/(亿 kW·h) | 2.21 | 3.58 | 11.54 | 1.48 | 6.95 | 6.50 | 32.27 |
| 当年水电发电量/(亿 kW·h) | 54.87 | 41.76 | 90.12 | 106.61 | 132.13 | 141.73 | 567.22 |
| 优化电量占比/% | 4.03 | 8.57 | 12.81 | 1.39 | 5.26 | 4.59 | 5.69 |
| 当年平均电价/[元/(kW·h)] | 0.214 | 0.217 | 0.221 | 0.241 | 0.242 | 0.262 | |
| 经济效益/亿元 | 0.472 | 0.777 | 2.547 | 0.356 | 1.682 | 1.703 | 7.536 |

## 5.2　乌江水电梯级开发对区域经济的拉动作用

乌江梯级水电站建设位于中乌江流域干流，同一地域连续大规模投资对当地经济发展产生较大影响。考虑到贵州是我国西南地区的贫困省，乌江公司水电站建设投资将对乌江沿岸地区促进就业、提高农民收入等产生有益的作用。为此，利用贵州省统计局出版的 2001—2010 年贵州省统计年鉴中的区县数据，开展了乌江梯级水电开发对乌江沿岸地区经济影响的计量经济学分析，相应成果见夏庆杰等 2012 年发表的相关文章。

### 5.2.1　数据来源

利用 2001—2010 年贵州省统计年鉴中给出的 2000—2009 年 72 个区县 10 年数据进行计量经济学分析。由于各年货币计量的 GDP 等变量是按当年价格计算的，因而应用贵州省消费价格指数、生产价格指数、工业品生产价格指数，将按当年价格计算的 GDP 等变量调整为以 2009 年不变价格计算的数值。

### 5.2.2　生产函数模型

为估计乌江水电开发对乌江沿岸县域经济发展的影响，首先构筑贵州县域的 Cobb-Douglas 生产函数，见式（5.2）：

$$Y_{it} = K_{it}^{\alpha} L_{it}^{\beta} \cdots Land_{it}^{\gamma} \tag{5.2}$$

式中：$Y_{it}$ 为 $i$ 县在 $t$ 年的人均 GDP；$K_{it}$ 为 $i$ 县在 $t$ 年的固定资产投入；

$L_{it}$ 为 $i$ 县在 $t$ 年的劳动力投入；$Land_{it}$ 为 $i$ 县在 $t$ 年的土地投入，中间的省略号表示其他投入，如 $i$ 县在 $t$ 年的人均财政开支等。

对以上 Cobb-Douglas 生产函数求对数，就可以得到如下可用于计量经济学回归形势的生产函数：

$$\ln Y_{it} = \alpha \ln K_{it} + \beta \ln L_{it} + \cdots + \gamma \ln Land_{it} + \Delta X_{it} + \varepsilon_{it} \quad (5.3)$$

式中：$\alpha$，$\beta$，…，$\gamma$ 为各县生产过程中生产要素变量的回归系数；$\varepsilon_{it}$ 为残差；$X_{it}$ 为其他控制变量，如乌江水电开发对乌江沿岸各县经济发展的影响，年份控制变量等；$\Delta X_{it}$ 为 $X_{it}$ 控制变量向量的系数向量。

贵州省统计年鉴涵盖 72 个县。洪家渡水库位于黔西县、织金县交界处，因而会对这两个县及邻近的大方县、纳雍县、清镇市等产生经济影响。位于黔西县和修文县的索风营水电站于 2001 年开工、2005 年建成，也会对邻近的息烽县、遵义县、开阳县带来影响。位于余庆县境内的构皮滩水电站 2003 年开工、2009 年建成，位于思南县境内的思林水电站 2006 年开工、2009 年建成，对周边的风冈县、湄潭县、瓮安县、石阡县的经济发展也会起带动作用。位于沿河县境内的沙沱水电站在建，对周边的印江县、德江县的经济发展起到推动作用。在后面的计量经济学分析中，将这 6 座水电站周边的 19 个县设置为 1，其他贵州各县为 0。通过不同的计量经济学回归中估计出乌江水电开发对乌江沿岸县域经济发展的影响。

假设乌江水电开发的巨大规模优质国有资产投资本身和发电的巨额收入就是乌江沿岸县域人均 GDP 的提高量。另外，乌江水电开发的巨额投资对当地经济状况而言是一个巨大推动。从一般均衡角度来看，这个巨大震动在短期内会给当地经济带来巨大的不均衡，即会创造出巨大的物质需求，如对建筑原材料、就业的大幅度增加。对建筑原材料的提供和就业增加进而会导致乌江沿岸县域生产和人均纯收入的增加、贫困率的下降、进而社会对消费品的需求。因而，乌江水电开发的巨额投资会使当地经济乃至全省经济带来一连串的连锁反应，推动当地经济乃至全省经济的发展。

由于乌江中下游特别是下游地区远离铁路和公路干线，因而相对其他地区而言，乌江中下游地区交通条件落后，该地区重新变成半封闭的内陆山区经济，沿岸的 6 个贫困县形成了一条沿乌江的贫困经济带；中央和贵州省政府在 1999 年发起了“乌江扶贫工程”，投资 17 亿元整治乌江河道，扩大通航能力，修建公路与交通网连接，推动航运、矿业开采业、加工业、绿色产业和旅游业的发展（石明奎，1999）。因此，乌江沿岸地区经济指标变化是多个政策叠加的结果。鉴于在生产函数中无法识别乌江水电开发对沿岸地区的经济影响，我们只能根据乌江沿岸各电站的开工时间把受乌江水电开发影响的县区设为 1，而没有受到该影响的县区设为 0。根据乌江水电开发的投资总额及力度，乌江水电开发对乌江沿岸地区经济影响可占以上虚拟变量估计系数的 30%～40%。

### 5.2.3　乌江梯级水电对区域经济的拉动作用

#### 5.2.3.1　人均 GDP 和财政总收入

乌江水电开发对乌江沿岸县域人均 GDP 和财政总收入影响的生产函数 OLS 估计结果在表 5.4。结果表明，乌江水电开发对乌江沿岸县域人均 GDP 和财政总收入的影响在统计上非常显著，估计系数均为 0.10，这说明乌江水电开发可使乌江沿岸县域人均 GDP 和财政总收入每年提高 3%～4%，那么 10 年总共可使乌江沿岸县域人均 GDP 和财政总收入各提高 30%～40%。乌江沿岸县域财政总收入的大幅度提高可以改善当地的财政状况，进而改善当地居民的福利状况。例如，从表 5.4 可以看到，各县人均财政开支对提高农村人均纯收入有非常显著的作用，而且在所有影响因素中贡献最大（高达 25%）。此外，各县人均财政开支对降低贫困率也有一定的影响。

表 5.4　乌江水电开发对贵州省乌江沿岸县域的经济影响

| 项目 | 人均 GDP | 农林牧副渔总产值 | 农村人均收入 | 财政收入 | 贫困率 | 社会销售总额 |
|---|---|---|---|---|---|---|
| 乌江沿岸各县① | 0.10<br>(3.17)*** | 0.05<br>(2.40)*** | 0.07<br>(4.11)*** | 0.10<br>(2.49)*** | −1.33<br>(−3.17)*** | 0.11<br>(2.72)*** |
| 固定资产投资对数 | 0.16<br>(11.63)*** | 0.07<br>(6.29)*** | 0.06<br>(8.11)*** | 0.22<br>(11.15)*** | −1.05<br>(−5.56)*** | 0.17<br>(8.90)*** |
| 人均财政开支对数 | 1.00<br>(10.13)*** | 0.08<br>(1.34) | 0.25<br>(5.73)*** | 0.78<br>(3.99)*** | −2.26<br>(−1.76)* | 0.16<br>(0.96) |
| 可耕种土地面积对数 | 0.26<br>(4.87)*** | 0.42<br>(10.65)*** | 0.16<br>(5.56)*** | 0.32<br>(3.95)*** | −4.80<br>(−6.40)*** | 0.14<br>(2.06)** |

续表

| 项目 | 人均 GDP | 农林牧副渔总产值 | 农村人均收入 | 财政收入 | 贫困率 | 社会销售总额 |
|---|---|---|---|---|---|---|
| 第一产业劳力对数 | −0.13<br>(−2.49)*** | 0.14<br>(3.22)*** | −0.12<br>(−4.52)*** | 0.32<br>(3.39)*** | 4.43<br>(6.27)*** | 0.26<br>(3.37)*** |
| 第二产业劳力对数 | 0.21<br>(7.56)*** | 0.09<br>(4.56)*** | 0.04<br>(4.40)*** | 0.37<br>(9.58)*** | −0.82<br>(−3.15)*** | 0.21<br>(7.74)*** |
| 第三产业劳力对数 | −0.21<br>(−5.22)*** | 0.23<br>(7.46)*** | −0.02<br>(−1.60) | −0.21<br>(−3.94)*** | 0.18<br>(0.39) | −0.01<br>(−0.35) |
| 2001 年 | −0.37<br>(−6.58)*** | −0.05<br>(−1.22) | −0.10<br>(−3.74)*** | −0.36<br>(−4.97)*** | | −0.09<br>(−1.12) |
| 2002 年 | −3.44<br>(−4.22)*** | 1.34<br>(2.01)** | −2.09<br>(−4.98)*** | 1.73<br>(1.30) | | 3.26<br>(3.04)*** |
| 2003 年 | −3.40<br>(−4.18)*** | 1.36<br>(2.05)** | −2.08<br>(−4.94)*** | 1.82<br>(1.37) | 3.99<br>(0.48) | 3.38<br>(3.16)*** |
| 2004 年 | −3.46<br>(−4.29)*** | 1.38<br>(2.08)** | −2.08<br>(−4.96)*** | 1.74<br>(1.32) | 4.36<br>(0.52) | 3.39<br>(3.20)*** |
| 2005 年 | −3.62<br>(−4.50)*** | 1.40<br>(2.12)** | −2.09<br>(−4.97)*** | 1.63<br>(1.25) | 4.88<br>(0.56) | 3.45<br>(3.29)*** |
| 2006 年 | −3.70<br>(−4.61)*** | 1.40<br>(2.13)** | −2.10<br>(−5.00)*** | 1.61<br>(1.24) | 5.15<br>(0.57) | 3.51<br>(3.38)*** |
| 2007 年 | −3.87<br>(−4.82)*** | 1.47<br>(2.24)** | −2.08<br>(−4.95)*** | 1.49<br>(1.15) | 5.01<br>(0.54) | 3.52<br>(3.41)*** |
| 2008 年 | −4.10<br>(−5.13)*** | 1.37<br>(2.09)** | −2.11<br>(−5.01)*** | 1.25<br>(0.98) | 18.20<br>(1.87)* | 3.55<br>(3.49)*** |
| 2009 年 | −5.24<br>(−4.77)*** | 1.45<br>(1.76) * | −8.08<br>(−15.73)*** | −2.16<br>(−1.03) | | −6.02<br>(−3.50)*** |
| 常量 | 1.49<br>(1.49)*** | 3.70<br>(5.47)*** | 6.17<br>(14.52)*** | −4.03<br>(−1.94)** | 65.85<br>(11.60)*** | 2.04<br>(1.20) |

续表

| 项目 | 人均 GDP | 农林牧副渔总产值 | 农村人均收入 | 财政收入 | 贫困率 | 社会销售总额 |
|---|---|---|---|---|---|---|
| 经调整的 $R^2$ | 0.98 | 0.88 | 0.99 | 0.98 | 0.73 | 0.99 |
| 观测值数 | 720 | 720 | 720 | 720 | 504 | 720 |

注　1. 数据来源：贵州省统计年鉴 2001—2010 年关于贵州省 72 个县的统计指标。
　　2. 括号中的数字是 t 统计量。

① 根据乌江沿岸各电站的开工时间把受乌江水电开发影响的县区设为 1，而没有受到该影响的县区设为 0。

***、**、* 指估计系数统计显著程度分别为 1%、5%、10%。

#### 5.2.3.2　农林牧渔业总产值、农村人均收入及社会销售总额

乌江水电开发对乌江沿岸县域农林牧渔业总产值、农村人均收入及社会销售总额的影响在统计上非常显著，即乌江水电开发可使乌江沿岸县域农林牧渔业总产值、农村人均收入和社会销售总额每年分别提高 1.5%～2%、2%～3%和 3%～4%。同样，乌江水电开发可使乌江沿岸县域的贫困率显著下降、每年使第二三产业就业人数增加 3%～4%、乡镇企业销售收入增加 4%～5%（表 5.5）。

表 5.5　乌江水电开发对贵州省乌江沿岸县域的经济影响

| 项目 | 第二三产业就业人数 | 乡镇企业销售收入 |
|---|---|---|
| 乌江沿岸各县[①] | 0.11<br>(3.81)*** | 0.13<br>(2.24)** |
| 固定资产投资对数 | 0.09<br>(5.11)*** | 0.05<br>(1.62) |
| 人均财政开支对数 | −0.74<br>(−6.58)*** | 0.80<br>(3.88)*** |
| 可耕种土地面积对数 | 0.48<br>(9.00)*** | −0.02<br>(−0.18) |
| 上年社会销售总额对数 | 0.15<br>(4.39)*** | 0.45<br>(6.71)*** |

续表

| 项目 | 第二三产业就业人数 | 乡镇企业销售收入 |
|---|---|---|
| 乡镇企业雇员数量对数 | | 0.79<br>(11.89)*** |
| 2001年 | −1.19<br>(−3.60)*** | −4.60<br>(−6.98)*** |
| 2002年 | −13.30<br>(−36.58)*** | −4.61<br>(−4.89)*** |
| 2003年 | −13.11<br>(−35.40)*** | −4.78<br>(−4.94)*** |
| 2004年 | −12.94<br>(−34.43)*** | −4.94<br>(−4.99)*** |
| 2005年 | −12.73<br>(−32.34)*** | −5.12<br>(−4.99)*** |
| 2006年 | −12.58<br>(−30.65)*** | −5.33<br>(−5.09)*** |
| 2007年 | −12.37<br>(−29.02)*** | −5.50<br>(−5.13)*** |
| 2008年 | −12.09<br>(−26.36)*** | −5.89<br>(−5.21)*** |
| 2009年 | −17.65<br>(−32.21)*** | −11.71<br>(−11.29)*** |
| 常量 | 12.49<br>(16.81)*** | −1.33<br>(−0.88) |
| 经调整的$R^2$ | 0.99 | 0.98 |
| 观测值数 | 719 | 719 |

**注** 1. 数据来源：贵州省统计年鉴2001—2010年关于贵州省72个县的统计指标。

2. 括号中的数字是t统计量。

① 根据乌江沿岸各电站的开工时间把受乌江水电开发影响的县区设为1，而没有受到该影响的县区设为0。

***、**、* 指估计系数统计显著程度分别为1%、5%、10%。

#### 5.2.3.3　研究结果对比

本书研究结果表明：乌江水电开发导致乌江沿岸县域的人均GDP、当地财政收入、农牧渔业总产值、农村人均收入、第二三产业就业人数、社会销售总额、乡镇企业销售总额等显著提高，使乌江沿岸县域的贫困率显著下降。学术界关于水电开发对经济发展影响的研究也很关注。方春阳（2010）发现1994—2000年三峡大坝建设期间三峡库区GDP年平均增长2.2%，财政收入增长了1.8倍，农民收入增长2.15倍，是新中国成立以来增长最快的时期。樊启祥等（2003）报告云南小湾、广西龙滩水电站对当地经济增长起了巨大的促进作用。劳成玉等（2010）泸定水电站建设对当地（四川甘孜州）经济的拉动作用为3.5个百分点。陆菊春等（2002）使用1991—1998年期间国家经济发展宏观数据发现水利开发对GDP的影响为3.4%～3.9%。以上关于水电开发对当地经济影响的相关研究与本书关于乌江水电开发对当地经济开发影响的研究结论大体一致。

## 5.3　典型电站社会可持续评价

### 5.3.1　乌江梯级水电站社会可持续评价指标体系

基于社会可持续发展的基本内涵，根据乌江梯级水电开发社会发展情况的实地调研，并参照国内外IHA、IFC、世行、亚行、水利建设项目社会评价指南和中国投资项目社会评价等相关政策，将乌江梯级水电社会可持续评价归纳为社会效益、社会影响、劳动力及工作条件、文化遗产、公众健康卫生、少数民族、社会管理7个方面内容，并构建了相应的社会可持续评价指标体系（表5.6），相关成果见黄健等（2013）发表的相关文章。

表5.6　　乌江社会可持续评价指标体系及权重

| 评价要素 | 评价因素 | 评价指标 | 权重 |
|---|---|---|---|
| 社会效益 | 收入 | 项目建设前后年人均收入增长率 | 0.08 |
| | 分配 | 国家收入分配效果 | 0.015 |
| | | 地方收入分配效果 | 0.015 |
| | | 投资者收入分配效果 | 0.015 |
| | | 职工收入分配效果 | 0.015 |

续表

| 评价要素 | 评价因素 | 评价指标 | 权重 |
|---|---|---|---|
| 社会效益 | 消费 | 项目建设前后年人均消费增长率 | 0.04 |
| | 就业 | 项目建设前后就业增长率 | 0.06 |
| | 扶贫 | 脱贫率 | 0.02 |
| | 教育 | 学龄人口入学率 | 0.012 |
| | | 每万人大专文化程度人数 | 0.008 |
| | 基础设施 | 交通投入 | 0.048 |
| | | 供水投入 | 0.024 |
| | | 供电投资 | 0.024 |
| | | 广播电视普及率 | 0.012 |
| | | 电话普及率 | 0.012 |
| 社会影响 | 互适性分析 | 受益群体数量 | 0.03 |
| | | 居民接受程度 | 0.05 |
| | | 工程建设适合程度 | 0.02 |
| | 社会风险 | 工程影响区社会风险 | 0.048 |
| | | 当地居民社会风险 | 0.024 |
| | | 下游居民社会风险 | 0.008 |
| | 社会监测 | 社会监测水平 | 0.02 |
| 劳动力及工作条件 | 建设单位 | 劳动力数量 | 0.014 |
| | | 工作条件 | 0.014 |
| | 业主单位 | 劳动力数量 | 0.0105 |
| | | 工作条件 | 0.0105 |
| | 设计单位 | 劳动力数量 | 0.0105 |
| | | 工作条件 | 0.0105 |
| 文化遗产 | 物质 | 不可搬迁文化遗产保护程度 | 0.018 |
| | | 可搬迁文化遗产保护程度 | 0.018 |
| | 非物质 | 民俗保留程度 | 0.024 |
| 公众健康卫生 | 疾病 | 发病率 | 0.02 |
| | 医疗 | 设备总投入 | 0.0048 |
| | | 每千人床位数 | 0.0036 |
| | | 每千人医疗人员数 | 0.0036 |
| | 公共卫生 | 污染处理水平 | 0.008 |

续表

| 评价要素 | 评价因素 | 评价指标 | 权重 |
|---|---|---|---|
| 少数民族 | 影响 | 影响人数 | 0.024 |
| | | 影响程度 | 0.024 |
| | 文化冲击 | 文化冲击程度 | 0.024 |
| | 民族参与 | 民族参与程度 | 0.008 |
| 社会管理 | 信息公开 | 信息公开水平 | 0.0225 |
| | 社会沟通与协商 | 社会沟通与协商水平 | 0.03 |
| | 政策法规 | 完善程度 | 0.054 |
| | | 执行水平 | 0.036 |
| | 组织机构 | 完善程度 | 0.00375 |
| | | 工作效率 | 0.00375 |

### 5.3.2　洪家渡

#### 5.3.2.1　单项评价指标

以洪家渡电站为例，选取项目建设前后影响最大的黔西县作为典型区域，分析年人均收入增长率、年人均消费增长率、就业增长率 3 个主要定量化指标值的变化（图 5.1）。图 5.1 表明，洪家渡电站建设前、建设中和建成后，黔西县城镇居民人均可支配收入增长率、人均生活消费支出增长率除 2008 年受到金融危机的影响增长率出现局部下滑外，均有明显的增加；洪家渡电站建设前、建设中、建成后，黔西县农村人均纯收入增、农村居民人均生活消费支出、就业人口均呈现平稳增长态势（2008 年受到金融危机的影响出现局部下滑）。总体来看，洪家渡电站建设前后影响区内年人均收入、年人均消费和就业人口均呈现平稳增长态势。

#### 5.3.2.2　综合评价

根据前文中构建的社会评价指标体系中各指标权重的分配情况（表 5.6），采用专家打分法得出各个评价指标的评分结果，见表 5.7。

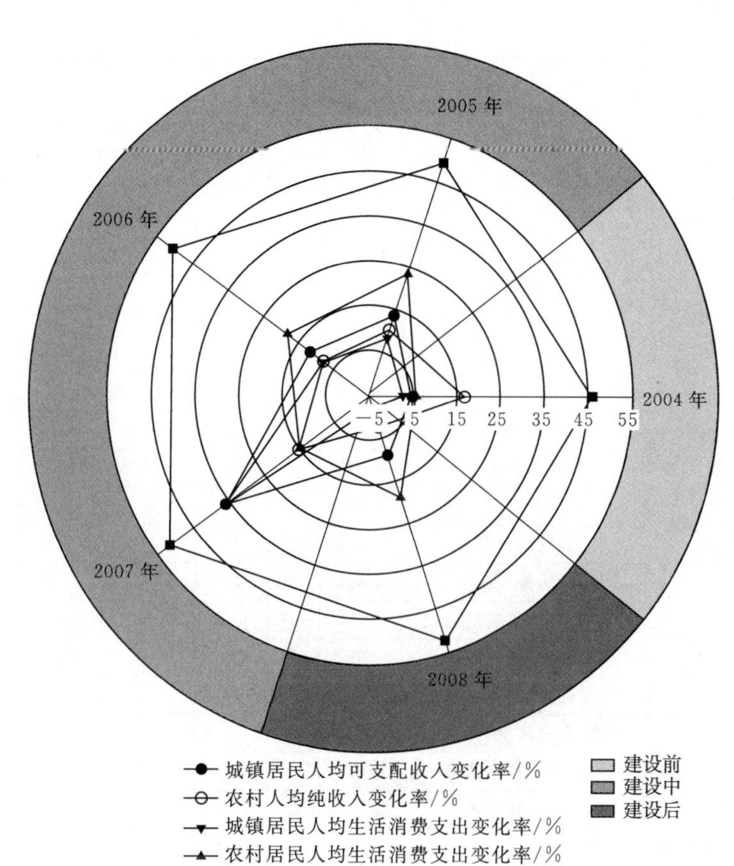


图 5.1 在洪家渡电站建设前期、中期和后期黔西县主要社会单指标变化率

**表 5.7 典型水电站社会可持续评分结果**

| 评价要素 | 评价因素 | 评价指标 | 指标权重 | 洪家渡 | | 乌江渡 | | 东风 | |
|---|---|---|---|---|---|---|---|---|---|
| | | | | 指标赋值 | 指标分值 | 指标赋值 | 指标分值 | 指标赋值 | 指标分值 |
| 社会效益 | 收入 | 项目建设前后年人均收入增长率 | 0.08 | 3 | 50 | 2 | 30 | 3 | 50 |
| | 分配 | 国家收入分配效果 | 0.015 | 3 | 50 | 3 | 50 | 3 | 50 |
| | | 地方收入分配效果 | 0.015 | 4 | 70 | 2 | 30 | 3 | 50 |
| | | 投资者收入分配效果 | 0.015 | 3 | 50 | 3 | 50 | 3 | 50 |
| | | 职工收入分配效果 | 0.015 | 4 | 70 | 3 | 50 | 2 | 30 |

续表

| 评价要素 | 评价因素 | 评价指标 | 指标权重 | 洪家渡 | | 乌江渡 | | 东风 | |
|---|---|---|---|---|---|---|---|---|---|
| | | | | 指标赋值 | 指标分值 | 指标赋值 | 指标分值 | 指标赋值 | 指标分值 |
| 社会效益 | 消费 | 项目建设前后年人均消费增长率 | 0.04 | 3 | 50 | 2 | 30 | 2 | 30 |
| | 就业 | 项目建设前后就业增长率 | 0.06 | 3 | 50 | 3 | 50 | 3 | 50 |
| | 扶贫 | 脱贫率 | 0.02 | 3 | 50 | 2 | 30 | 3 | 50 |
| | 教育 | 学龄人口入学率 | 0.012 | 3 | 50 | 2 | 30 | 4 | 70 |
| | | 每万人大专文化程度人数 | 0.008 | 3 | 50 | 2 | 30 | 3 | 50 |
| | 基础设施 | 交通投入 | 0.048 | 3 | 50 | 2 | 30 | 4 | 70 |
| | | 供水投入 | 0.024 | 4 | 70 | 3 | 50 | 3 | 50 |
| | | 供电投资 | 0.024 | 4 | 70 | 3 | 50 | 3 | 50 |
| | | 广播电视普及率 | 0.012 | 2 | 30 | 1 | 10 | 3 | 50 |
| | | 电话普及率 | 0.012 | 3 | 50 | 1 | 10 | 3 | 50 |
| 社会影响 | 互适性分析 | 受益群体数量 | 0.03 | 3 | 50 | 3 | 50 | 4 | 70 |
| | | 居民接受程度 | 0.05 | 3 | 50 | 3 | 50 | 4 | 70 |
| | | 工程建设适合程度 | 0.02 | 4 | 70 | 4 | 70 | 4 | 70 |
| | 社会风险 | 工程影响区社会风险 | 0.048 | 3 | 50 | 3 | 50 | 4 | 70 |
| | | 当地居民社会风险 | 0.024 | 4 | 70 | 4 | 70 | 4 | 70 |
| | | 下游居民社会风险 | 0.008 | 3 | 50 | 2 | 30 | 3 | 50 |
| | 社会监测 | 社会监测水平 | 0.02 | 4 | 70 | 2 | 30 | 3 | 50 |
| 劳动力及工作条件 | 建设单位 | 劳动力数量 | 0.014 | 4 | 70 | 4 | 70 | 3 | 50 |
| | | 工作条件 | 0.014 | 3 | 50 | 2 | 30 | 3 | 50 |
| | 业主单位 | 劳动力数量 | 0.0105 | 4 | 70 | 4 | 70 | 3 | 50 |
| | | 工作条件 | 0.0105 | 3 | 50 | 3 | 50 | 3 | 50 |
| | 设计单位 | 劳动力数量 | 0.0105 | 4 | 70 | 3 | 50 | 3 | 50 |
| | | 工作条件 | 0.0105 | 3 | 50 | 2 | 30 | 3 | 50 |
| 文化遗产 | 物质 | 不可搬迁文化遗产保护程度 | 0.018 | 2 | 30 | 2 | 30 | 2 | 30 |
| | | 可搬迁文化遗产保护程度 | 0.018 | 2 | 30 | 2 | 30 | 2 | 30 |
| | 非物质 | 民俗保留程度 | 0.024 | 2 | 30 | 2 | 30 | 3 | 50 |
| 公众健康卫生 | 疾病 | 发病率 | 0.02 | 3 | 50 | 4 | 70 | 3 | 50 |
| | 医疗 | 设备总投入 | 0.0048 | 3 | 50 | 2 | 30 | 3 | 50 |
| | | 每千人床位数 | 0.0036 | 3 | 50 | 2 | 30 | 3 | 50 |
| | | 每千人医疗人员数 | 0.0036 | 3 | 50 | 2 | 30 | 3 | 50 |
| | 公共卫生 | 污染处理水平 | 0.008 | 4 | 70 | 3 | 50 | 3 | 50 |

续表

| 评价要素 | 评价因素 | 评价指标 | 指标权重 | 洪家渡 | | 乌江渡 | | 东风 | |
|---|---|---|---|---|---|---|---|---|---|
| | | | | 指标赋值 | 指标分值 | 指标赋值 | 指标分值 | 指标赋值 | 指标分值 |
| 少数民族 | 影响 | 影响人数 | 0.024 | 3 | 50 | 3 | 50 | 4 | 70 |
| | | 影响程度 | 0.024 | 3 | 50 | 3 | 50 | 4 | 70 |
| | 文化冲击 | 文化冲击程度 | 0.024 | 4 | 70 | 4 | 70 | 4 | 70 |
| | 民族参与 | 民族参与程度 | 0.008 | 3 | 50 | 2 | 30 | 2 | 30 |
| 社会管理 | 信息公开 | 信息公开水平 | 0.0225 | 3 | 50 | 2 | 30 | 2 | 30 |
| | 社会沟通与协商 | 社会沟通与协商水平 | 0.03 | 3 | 50 | 2 | 30 | 2 | 30 |
| | | 完善程度 | 0.054 | 3 | 50 | 2 | 30 | 3 | 50 |
| | 政策法规 | 执行水平 | 0.036 | 3 | 50 | 2 | 30 | 3 | 50 |
| | | 完善程度 | 0.00375 | 3 | 50 | 1 | 10 | 3 | 50 |
| | 组织机构 | 工作效率 | 0.00375 | 4 | 70 | 2 | 30 | 3 | 50 |
| | | 合计 | | | 52.815 | | 41.105 | | 53.05 |

表 5.7 表明，洪家渡电站在各方面的社会发展程度都比乌江渡电站和东风电站有很大改善，特别是在社会效益、社会影响、劳动力及工作条件、公众健康卫生和少数民族方面，文化遗产也得到一定的重视和保护，但保护力度还需要大大加强。

### 5.3.3 乌江渡

乌江渡电站各指标评分结果见表 5.7，社会可持续评价 7 个主要指标对比情况见图 5.2。表 5.7 和图 5.2 结果表明，乌江渡水电站在建设和运营期，社会影响、劳动力及工作条件、公众健康卫生以及少数民族方面比较好，但在水电开发中对文化遗产的保护和重视程度以及社会管理方面还存在不足之处。

### 5.3.4 东风

东风电站各指标评分结果见表 5.7，社会可持续评价 7 个主要指标对比情况见图 5.3。表 5.7 和图 5.3 结果表明，东风水电站在社会影响、劳动力及工作条件、公众健康卫生以及少数民族方面比较好，在社会效益和社会管理上较乌江渡电站有很大的进展，但在文化遗产的保护上依然不够重视。

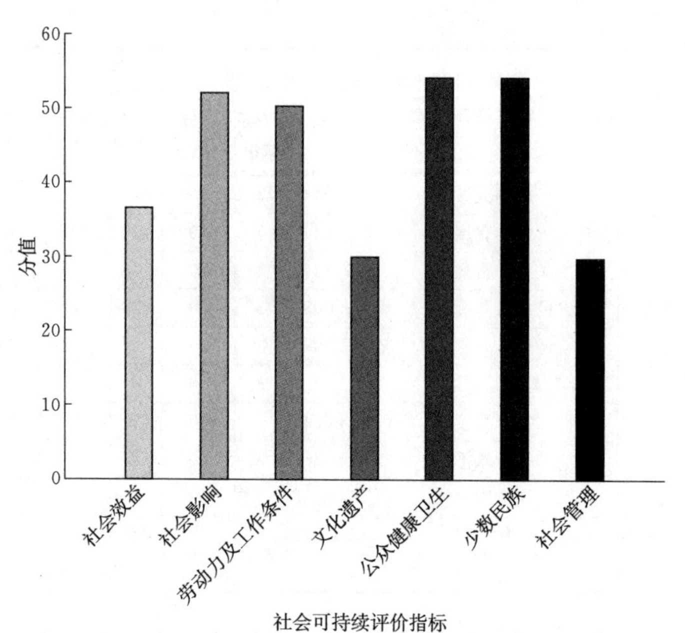


图 5.2　乌江渡水电站社会评价结果图

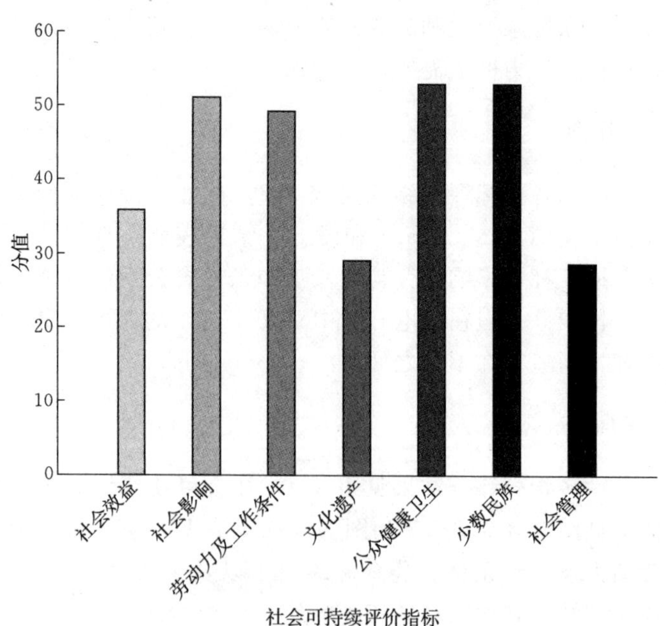


图 5.3　东风水电站社会评价结果图

# 5.4　典型电站移民可持续评价

## 5.4.1　乌江梯级电站移民工作概况

### 5.4.1.1　组织机构体系

乌江流域的水电开发移民安置工作已经形成了政府领导、分级负责、县为基础及项目法人参与的管理体制。乌江渡水电站于 1970 年开工建设，当时乌江公司还未成立，因此其业主单位为原贵州省电力工业局，电力工业局下设贵州省移民办公室和乌江流域开发办公室。东风水电站于 1984 年开始建设，1995 年投产运行。而贵州乌江水电开发有限责任公司成立于 1992 年，因此东风水电站的项目业主由贵州省电力工业局变为乌江公司。各电站的组织管理机构见表 5.8。

**表 5.8　　　　乌江流域干流 7 个水电站组织机构表**

<table>
<tr><th rowspan="2">电站名称</th><th rowspan="2">项目业主</th><th rowspan="2">设计单位</th><th colspan="3">管理和实施单位</th></tr>
<tr><th>省</th><th>市</th><th>县</th></tr>
<tr><td>乌江渡</td><td>原贵州省电力工业局</td><td rowspan="2">贵阳院</td><td rowspan="7">省移民办（1986 年成立）</td><td>毕节、安顺、遵义</td><td>金沙、息烽、遵义、修文、黔西</td></tr>
<tr><td>东风</td><td>原贵州省电力工业局、乌江公司</td><td>贵阳、毕节</td><td>清镇、织金、黔西</td></tr>
<tr><td>洪家渡</td><td rowspan="5">乌江公司（1992 年成立）</td><td rowspan="2">长委设计院</td><td>毕节</td><td>大方、织金、黔西、纳雍</td></tr>
<tr><td>索风营</td><td>贵阳、毕节、</td><td>黔西、清镇、修文</td></tr>
<tr><td>构皮滩</td><td rowspan="3">贵阳院</td><td>贵阳、遵义、黔南州</td><td>开阳、息烽、余庆、湄潭、遵义、瓮安</td></tr>
<tr><td>沙沱</td><td>铜仁</td><td>沿河、德江、思南</td></tr>
<tr><td>思林</td><td>遵义、铜仁</td><td>余庆、凤冈、思南、石阡</td></tr>
</table>

### 5.4.1.2　政策的历史沿革

乌江流域 9 个梯级水电站根据政策的制定和开发的时间，大致可以分为 4 个阶段：

第一阶段：20 世纪 70—80 年代。主要是乌江渡水电站的开发，这个时期国家对水利水电移民安置还没有具体的法律法规，因此这一时期，移民安置工作很无序，补偿标准和安置方式的制定也较为随意，补偿标准低。

第二阶段：1991—1999 年。1991 年，《大中型水利水电工程建设征地补偿和移民安置条例》（国务院第 74 号令，以下简称 74 号令）出台，东风水电站的规划设计在 74 号令出台之前，移民搬迁从 1989 年至 1991 年，该电站移民在 1993 年进行了调整，根据 74 号令其标准有所提高；1992 年洪家渡水电站初步设计通过审查，当时的土地补偿标准按照土地产值的 7.5 倍计算。

第三阶段：1999—2006 年。1999 年，新的《中华人民共和国土地管理法》颁布，调整了耕地征用的补偿倍数。1999 年，洪家渡水电站进行了水库移民安置规划报告修编，由于物价上涨等原因，土地产值大幅提高，补偿倍数也提高到 8 倍。索风营、构皮滩和思林水电站的可研报告分别在 2001 年、2002 年和 2006 年通过审查，构皮滩和思林 2006 年国家出台《大中型水利水电工程建设征地补偿和移民安置条例》（国务院第 471 号令，以下简称 471 号令）时均处于移民搬迁实施阶段，这 3 个电站移民规划报告的编制均依据新的土地法。

第四阶段：2006 以后。2007 年洪家渡、索风营、构皮滩和思林均根据 471 号令进行了调整，补偿标准大幅提高；沙沱则是在 471 号令颁布后开始移民调查、补偿，因此该电站的移民工作是最规范、程序化的，较之早期的电站出现的问题少很多。

#### 5.4.1.3　补偿标准

（1）各电站土地补偿标准。乌江流域梯级电站补偿标准变化见图 5.4。结果表明，乌江流域的 7 个梯级电站，根据建设时间的远近，随着国家政策的出台，土地补偿从开始的无据可依到后来的标准不断提高，土地的分类也越来越细化，对移民的土地补偿更加的规范化和可操作化。

（2）各电站房屋补偿标准。乌江流域各梯级电站房屋补偿标准依据其设计施工时期的政策规定和物价水平等，补偿单价总体呈增长趋势。就不同时期梯级电站的宅基地补偿标准来看，乌江渡、东风和其他电站的差距较大；对比 7 个电站正房补偿单价，其补偿标准在不同阶段之间变化较大（图 5.5）。总的来说，房屋补偿标准呈上升趋势，符合当时的物价经济水平。

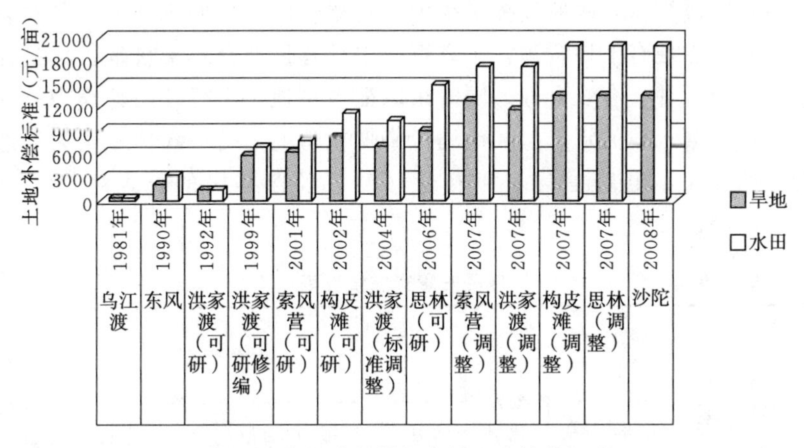


图 5.4　乌江流域梯级电站土地补偿标准

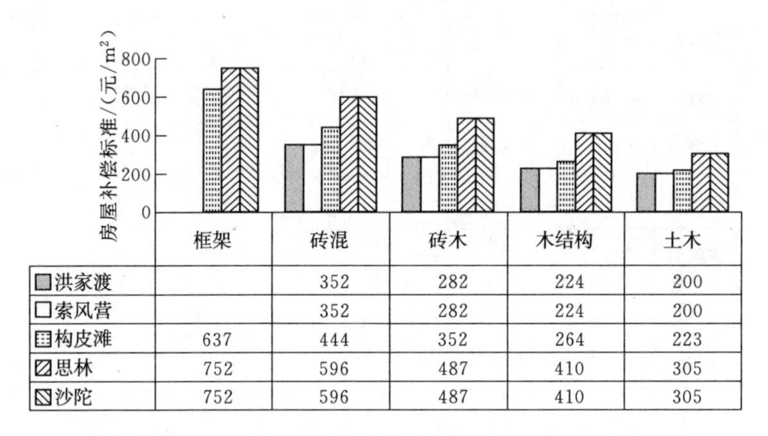


| | 框架 | 砖混 | 砖木 | 木结构 | 土木 |
|---|---|---|---|---|---|
| 洪家渡 | | 352 | 282 | 224 | 200 |
| 索风营 | | 352 | 282 | 224 | 200 |
| 构皮滩 | 637 | 444 | 352 | 264 | 223 |
| 思林 | 752 | 596 | 487 | 410 | 305 |
| 沙陀 | 752 | 596 | 487 | 410 | 305 |

图 5.5　乌江流域洪家渡等 5 个水电站调概后房屋补偿标准

#### 5.4.1.4　移民安置方式

乌江流域梯级水电开发的 7 个水电站，从乌江渡水电站开始，移民安置方式经历了从单纯安置补偿向开发性补偿过渡的变化历程，安置方式也从单一的有土安置向多种安置方式转变。近年来，贵州省各地在征地的过程中相继探索出一些行之有效的安置方式，包括调地安置、货币安置、社会保险安置、留地安置、征地费入股安置、低保安置、土地开发整理安置等。但是，根据表 5.9 的统计，由于贵州省经济相对落后，移民文化素质低、生产技能单一等原因，乌江流域梯级水电站的移民安置主要采取“以农为主、有土安置”方式，以土地作为生计保障的方式安置移民，为移民配置足够的耕地和生产资料。在有土安置过程中，政府发挥了很大的桥梁作用，他们充分利用各安置区、安置点现有土地资源，千方百计引导移民群众对接耕地，尽量让移民有地可种，有农可务。同时采取征占耕地，实行长期补偿为补充形式，根据土地的年产值和市场价格变化情况，变一次性补偿为动态的长期补偿，电站运行一年补偿一年，确保移民的长远生计不受影响。

**表 5.9　　　　　　　　移民安置实施情况表**

<table>
<tr><th rowspan="2">序号</th><th rowspan="2">工程名称</th><th colspan="2">移民工作截止时间</th><th rowspan="2">有土安置比例</th><th colspan="6">安置方式</th></tr>
<tr><th>开始年份</th><th>完成年份</th><th>集中安置</th><th>后靠安置</th><th>分散安置</th><th colspan="2">投亲靠友/自谋职业</th><th>逐年补偿</th></tr>
<tr><td>1</td><td>乌江渡</td><td>1976</td><td>1985</td><td>97%</td><td>57%</td><td>25%</td><td colspan="3">18%</td><td></td></tr>
<tr><td>2</td><td>东风</td><td>1989</td><td>1991</td><td>93%</td><td colspan="3">99%</td><td colspan="2">1%</td><td></td></tr>
<tr><td>3</td><td>洪家渡</td><td>1999</td><td>2004</td><td>86%</td><td>23%</td><td>7%</td><td>39%</td><td colspan="2">31%</td><td></td></tr>
<tr><td>4</td><td>索风营</td><td>2001</td><td>2005</td><td>99%</td><td>17%</td><td>30%</td><td>52%</td><td colspan="2">1%</td><td></td></tr>
<tr><td>5</td><td>构皮滩</td><td>2003</td><td>2007</td><td>94%</td><td>22.3%</td><td>14%</td><td>72%</td><td>0.8%</td><td>4.9%</td><td></td></tr>
<tr><td>6</td><td>思林</td><td>2003</td><td>2008</td><td>100%</td><td>31%</td><td>8%</td><td>58%</td><td colspan="2">3%</td><td></td></tr>
<tr><td>7</td><td>沙沱</td><td>2005</td><td>2011</td><td>87%</td><td>21%</td><td></td><td>65%</td><td></td><td>1%</td><td>13%</td></tr>
</table>

### 5.4.1.5　投入概算

乌江梯级电站建设征地和移民补偿费用占总投资比例见表 5.10。结果表明，除去洪家渡以外，乌江流域电站建筑征地和移民补偿费用占总投资比例逐年上升。反映了我国水电建设中从“重工程，轻移民”到重视移民补偿和安置的发展历程。洪家渡电站的建筑征地和移民补偿费用占总投资比例明显较高，这是因为洪家渡作为乌江流域龙头电站，不仅具有发电的作用，还兼顾调峰、调频和备用，改善电网运行条件等作用，并具有防洪、工农业供水、改善生态环境、旅游、水产养殖、改善航运等综合效益。其库容仅次于构皮滩，淹没土地和迁移人口在乌江流域梯级电站中最高，所以其建筑征地和移民补偿费用也较高。

表 5.10 乌江流域梯级电站建设征地和移民补偿费用占总投资比例

| 费用来源 | 工程总投资/万元 | 建设征地和移民安置补偿费用/万元 | 建设征地和移民安置补偿费用占总投资比例/% |
|---|---|---|---|
| 乌江渡（1979年） | 60000 | 3500 | 5.83 |
| 东风（1984年） | 65950 | 2823 | 4.28 |
| 洪家渡（1999年可研补充） | 492715 | 147250 | 29.89 |
| 洪家渡（2004年调整） | 522740.78 | 177275.78 | 33.91 |
| 洪家渡（2007年调概） | 623263.4 | 277798.40 | 44.57 |
| 索风营（2001年可研） | 226206.37 | 9901.37 | 4.38 |
| 索风营（2007年调概） | 234741.94 | 18436.94 | 7.85 |
| 构皮滩（2001年可研） | 891647 | 117346 | 13.16 |
| 构皮滩（2007年调概） | 1090261.45 | 315960.45 | 28.98 |
| 思林（2005年可研修编） | 625260.94 | 86481.77 | 13.83 |
| 思林（2007年调概） | 801354.08 | 262574.91 | 32.77 |
| 沙沱（2008年可研） | 1075861.81 | 220628.11 | 20.51 |

### 5.4.2 典型电站移民评价

#### 5.4.2.1 乌江梯级水电站移民可持续评价指标体系

移民评价的主要目标是识别移民搬迁后，其生产生活得到一定的恢复与发展的情况下，是否具有可持续，如何能使其更具可持续。基于此，乌江梯级水电移民评价归纳为人口、经济、资源、生活环境和社会5个方面的内容，并构建了相应的移民评价指标体系（表5.11）。

表 5.11 乌江梯级电站移民可持续评价指标体系及权重

| 评价要素 | 权重 | 评价因素 | 权重 | 评价指标 | 单项指标权重 |
|---|---|---|---|---|---|
| 人口 | 0.21 | 人口结构 | 0.45 | 劳动力占总人口比例 | 0.6 |
| | | | | 老龄人口比例 | 0.4 |
| | | 人口素质 | 0.55 | 适龄儿童入学率 | 0.39 |
| | | | | 平均受教育年限 | 0.33 |
| | | | | 年均技能培训次数 | 0.28 |

续表

| 评价要素 | 权重 | 评价因素 | 权重 | 评价指标 | 单项指标权重 |
|---|---|---|---|---|---|
| 经济 | 0.24 | 就业 | 0.27 | 劳动力年均闲置时间 | 0.55 |
| | | | | 农业劳动力非农就业比例 | 0.45 |
| | | 收入 | 0.31 | 人均纯收入 | 0.41 |
| | | | | 非农收入比重 | 0.21 |
| | | | | 人均纯收入增长率 | 0.19 |
| | | | | 贫困户比例 | 0.19 |
| | | 消费 | 0.23 | 每百户彩电拥有量 | 0.45 |
| | | | | 食品消费支出比重 | 0.55 |
| | | 储蓄 | 0.19 | 人均储蓄 | 1.00 |
| 资源 | 0.16 | 资源投入与产出质量 | 0.4 | 人均主要粮食生产量 | 0.36 |
| | | | | 单产水平（水稻） | 0.38 |
| | | | | 再生产投入占总消费比例 | 0.26 |
| | | 资源数量 | 0.6 | 人均耕园地数量 | 0.6 |
| | | | | 人均有效灌溉地比例 | 0.4 |
| 生活环境 | 0.20 | 居住条件 | 0.41 | 人均住房面积 | 0.48 |
| | | | | 钢混结构房比重 | 0.12 |
| | | | | 移民危房户数比例 | 0.22 |
| | | | | 处于危险地段比例 | 0.18 |
| | | 基础设施 | 0.3 | 农村自来水用户 | 0.5 |
| | | | | 农村用电户 | 0.2 |
| | | | | 居民点距公路距离 | 0.15 |
| | | | | 居民点公交通达率 | 0.15 |
| | | 公共设施 | 0.29 | 生均教室面积 | 0.21 |
| | | | | 距最近学校距离 | 0.13 |
| | | | | 距最近卫生院距离 | 0.19 |
| | | | | 人均拥有病床数 | 0.3 |
| | | | | 安装电话户比例 | 0.09 |
| | | | | 距离最近集市距离 | 0.08 |

续表

| 评价要素 | 权重 | 评价因素 | 权重 | 评价指标 | 单项指标权重 |
|---|---|---|---|---|---|
| 社会 | 0.19 | 个体心理调试 | 0.31 | 对环境适应状况 | 0.6 |
| | | | | 移民返迁率 | 0.4 |
| | | 移民安置融合 | 0.36 | 冲突事件发生率 | 0.31 |
| | | | | 亲友交往 | 0.43 |
| | | | | 是否得到邻居帮助 | 0.26 |
| | | 村级组织健全率 | 0.33 | 是否有村委和党委组织 | 0.45 |
| | | | | 两委组织是否发挥了作用 | 0.55 |

#### 5.4.2.2 洪家渡

（1）单项指标。从洪家渡电站三行政村移民综合得分曲线可以看出，洪家渡电站移民搬迁后适龄儿童入学率、人均纯收入、人均粮食产量、粮食单产水平、自来水用户比例、人均住房面积等各项指标均高于搬迁前并且为上升趋势；表明洪家渡电站移民人口、经济、资源、环境和社会等方面均有大幅度提高（图5.6）。

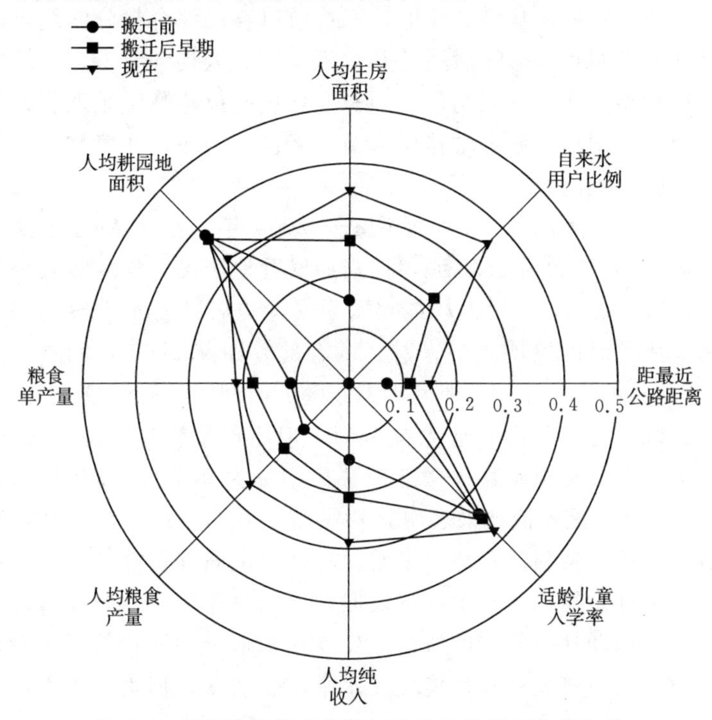


图5.6 洪家渡电站移民搬迁后移民单指标得分趋势

为查看洪家渡电站移民与安置地经济社会同步发展状况，本次研究也选择人均纯收入指标作为对比指标。其中，移民人均纯收入指标数据通过抽样调查获取，安置区居民人均纯收入数据来源于洪家渡电站移民抽样调查数据。抽样调查显示，2004 年，移民和区域人均纯收入分别为 1610 元和 1775 元，两者相差 94 元；2010 年，两者则提高至 2387 元和 2420 元，相差 33 元。该结果表明，两者在收入水平方面，仍存在一定差距。虽然两者差距随着时间的发展而有所减少。并且，两者之间的收入差距基本结束。从长远趋势来看，洪家渡电站移民与安置地居民生产生活基本融合。

（2）综合评价分析。利用模糊综合评价方法，计算洪家渡电站区域 3 个随机抽样的行政村八步、茶店及金碧搬迁前后移民评价子项指标隶属度和得分值。综合评价结果显示，洪家渡电站移民搬迁前指标为 0.472，而搬迁后指标为 0.699，搬迁后可持续度大于搬迁前水平。总体趋势上来看，洪家渡电站移民整体上具有可持续特征。

#### 5.4.2.3　乌江渡

（1）单项指标。从乌江渡电站四行政村移民综合得分曲线可以看出，乌江渡电站移民搬迁后适龄儿童入学率、人均纯收入、人均粮食产量、粮食单产水平、人均住房面积等各项指标均高于搬迁前并且为上升趋势；表明乌江渡电站移民人口、经济、资源、环境和社会等方面均有大幅度提高（图 5.7）。

根据移民人均纯收入抽样调查，2000 年，移民人均纯收入为 1345 元，2010 年为为 1755 元，而当期安置地居民人均纯收入分别为 2237 元和 2530 元，移民人均纯收入为安置地居民的 60%～70%。但从两者差距的时间发展趋势来看，两者的差距从 2000 年的 410 元减少至 2010 年的 293 元，表明两者差距随着时间的发展而减少。

（2）综合评价分析。基于表 5.11，应用模糊综合评价方法计算，结果表明，乌江渡电站移民搬迁前移民指标为 0.486，而搬迁后移民指标为 0.765。该评价结果表明，移民搬迁后的生产生活水平已经高于搬迁前水平。从整体趋势上来看，乌江渡电站移民整体上具有可持续特征。但评价结果仍显示：移民搬迁后的总体仍未达到评价标准的 80%水平，因而还有较多的扶持工作要做。从分项评价结果来看，乌江电站移民的经济发展和环境发展水平增长较快，但资源水平得分仍较低。

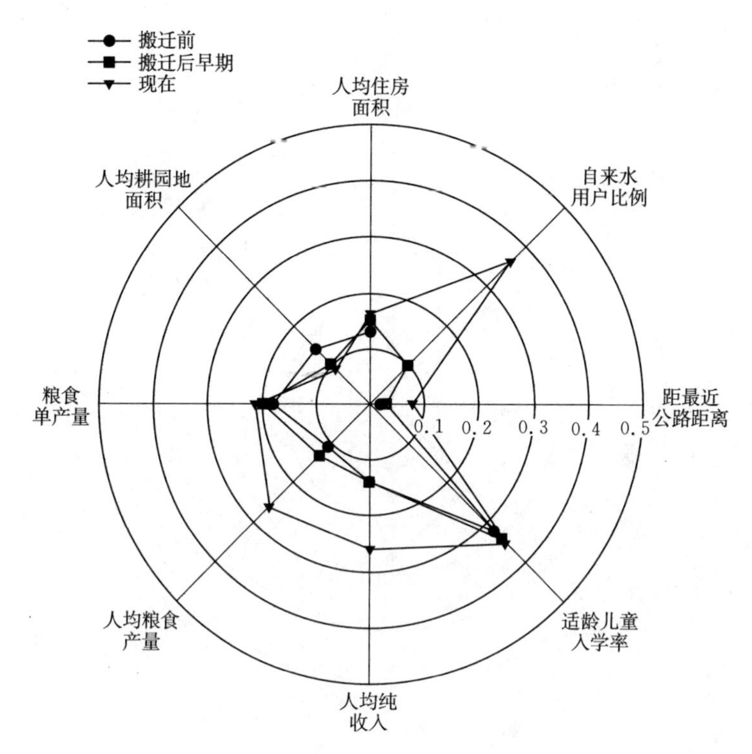


图 5.7 核心单项指标的抽样数据得分值趋势图

#### 5.4.2.4 东风

（1）单项指标。东风电站三行政村移民综合得分曲线表明，东风电站移民搬迁后适龄儿童入学率、人均纯收入、人均粮食产量、粮食单产水平、人均耕园地数量、人均住房面积等各项指标均高于搬迁前并且为上升趋势；表明东风电站移民人口、经济、资源、环境和社会等方面均有大幅度提高，为未来恢复与可持续发展打下良好基础，所以搬迁后的移民生产生活综合水平都比搬迁前有很大幅度的提高（图 5.8）。

抽样调查数据显示：2000 年，移民和区域人均纯收入分别为 1450 元和 1862 元，两者相差 412 元；而 2010 年，两者则提高至 1960 元和 2223 元，相差 263 元；移民人均纯收入为安置地居民的 74%～84%。该结果表明，两者在收入水平方面，仍存在一定差距。虽然两者差距随着时间的发展而有所减少，但在未来一段时间内，两者仍将存在差距。

（2）综合评价分析。基于表 5.11，应用模糊综合评价方法计算，结果表明，东风电站移民搬迁前移民指标为 0.454，而搬迁后移民指

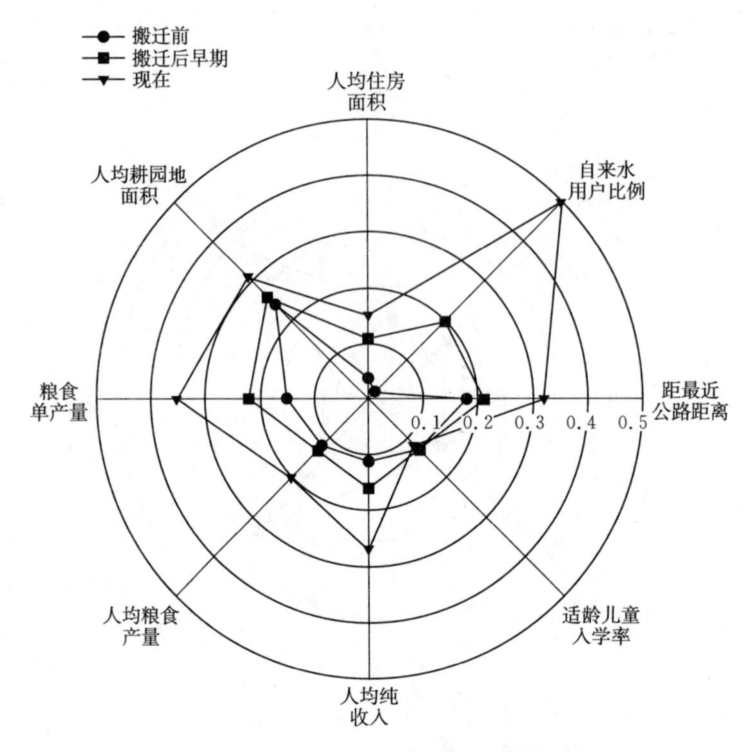


图 5.8　东风电站主要指标得分值曲线图

标为 0.674，搬迁后大于搬迁前水平，表明东风电站移民搬迁后的生产与生活整体状况较之搬迁前有较大改变。但是，搬迁后的移民指标提高至 0.674，但仍处于评价标准的 80％以下，甚至还未达到 70％水平。因而，东风电站移民虽具有可持续特征，但总体发展水平仍较低。从单项评价结果来看，移民搬迁后的资源得分较低。因而，在东风电站后续扶持工作中，要重点解决资源短缺造成生产生活水平恢复缓慢等突出问题。

## 5.5　流域尺度社会可持续评价

### 5.5.1　流域梯级电站社会可持续评价

乌江流域梯级电站的开发周期长，为了进一步说明流域梯级开发对社会可持续的影响效果，对流域的评价分别取乌江流域梯级开发建设初、建设中和建设基本结束 3 个时期进行综合评分，结果见表

5.12。乌江流域梯级开发不同时期社会可持续评价结果不同，总体而言，通过不断地探索和工作的完善，从社会可持续来看，总体发展趋势越来越好（表5.12）。

**表5.12　乌江流域社会可持续评分结果**

| 目标层 | 准则层 | | 指标层 | | 指标分值 | | |
|---|---|---|---|---|---|---|---|
| | 评价因素 | 指标权重 | 评价因素 | 指标权重 | 流域开发初期（1990年之前） | 流域开发中（1990—2000年） | 流域开发后（2000—2010年） |
| 流域社会可持续评价 | 社会效益 | 0.4 | 收入水平 | 0.2 | 1 | 2 | 2 |
| | | | 分配效果 | 0.15 | 1 | 2 | 3 |
| | | | 消费水平 | 0.1 | 1 | 2 | 2 |
| | | | 就业水平 | 0.15 | 2 | 2 | 3 |
| | | | 扶贫效果 | 0.05 | 1 | 1 | 2 |
| | | | 教育水平 | 0.05 | 1 | 2 | 2 |
| | | | 基础设施完善水平 | 0.3 | 2 | 3 | 3 |
| | 社会影响 | 0.2 | 利益相关者的接受程度 | 0.5 | 1 | 3 | 4 |
| | | | 社会风险水平 | 0.4 | 4 | 3 | 2 |
| | | | 社会监测水平 | 0.1 | 1 | 3 | 3 |
| | 劳动力及工作条件 | 0.07 | 劳动力质量 | 0.5 | 1 | 2 | 2 |
| | | | 劳工条件 | 0.5 | 1 | 2 | 3 |
| | 文化遗产 | 0.06 | 物质文化遗产的保护程度 | 0.6 | 1 | 3 | 4 |
| | | | 非物质文化遗产的保护程度 | 0.4 | 1 | 2 | 3 |
| | 公共健康卫生 | 0.04 | 医疗水平 | 0.6 | 1 | 3 | 3 |
| | | | 公共卫生水平 | 0.4 | 1 | 2 | 2 |
| | 少数民族 | 0.08 | 文化冲击影响程度 | 0.75 | 4 | 3 | 3 |
| | | | 民族参与程度 | 0.25 | 1 | 3 | 3 |
| | 社会管理 | 0.15 | 信息公开程度 | 0.15 | 1 | 2 | 2 |
| | | | 社会沟通与协商水平 | 0.2 | 1 | 3 | 3 |
| | | | 政策法规完善及落实程度 | 0.6 | 2 | 3 | 3 |
| | | | 组织机构完善程度 | 0.05 | 2 | 3 | 3 |
| 合计 | | | | | 1.6975 | 2.5675 | 2.8225 |

## 5.5.2　流域梯级电站移民可持续评价

### 5.5.2.1　单项指标

本处综合选取了移民人均纯收入、恩格尔系数和移民人均耕园地面积 3 个核心指标进行单项指标值长序列分析，从趋势上，流域电站移民单项指标具有良好的可持续状态（图 5.9～图 5.11）。

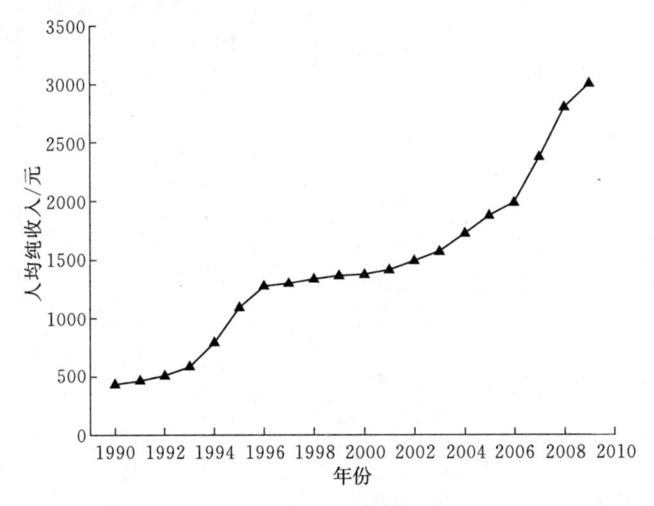


图 5.9　移民人均纯收入指标

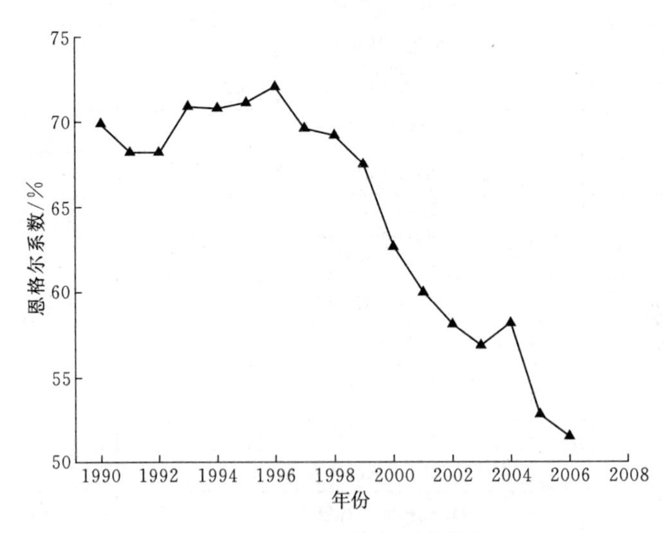


图 5.10　移民恩格尔系数指标

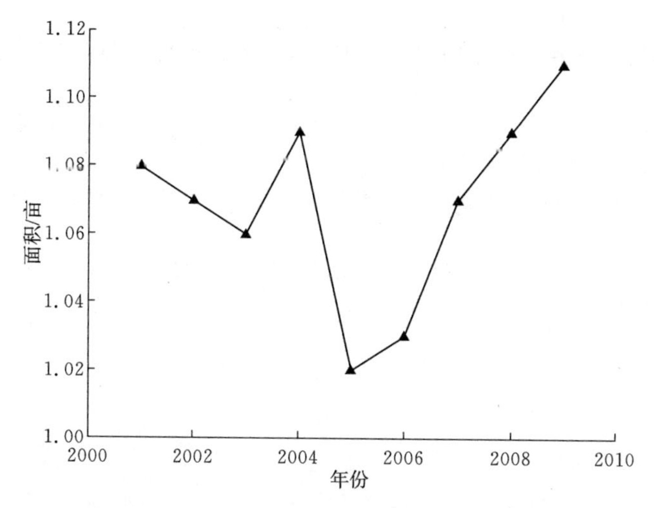


图 5.11　移民人均耕园地数量指标长序列值

#### 5.5.2.2　综合评价

流域梯级电站移民综合评价结果见表 5.12。结果表明，1979 年建造的乌江渡电站移民可持续度最低，随着建造时间的推移，不同年代电站移民可持续度越来越强（表 5.13）。由于不同电站是在不同移民安置政策作用县进行的，随着时间的不断推移，移民安置政策不断优化，使得不同电站移民可持续度越来越高。从长远发展趋势上来看，乌江流域梯级电站移民整体上具有可持续性。

**表 5.13　　乌江梯级水电站移民可持续评价得分值**

| 电站 | 乌江渡（1979 年） | 东风（1994 年） | 洪家渡（2004 年） | 索风营（2005 年） | 构皮滩（2008 年） |
|---|---|---|---|---|---|
| 得分 | 57 | 60 | 62 | 72 | 76 |

## 参考文献

[1]　樊启祥，龚德宏．水电在西部地方经济发展中的地位和作用——云南小湾、广西龙滩水电站调研报告［J］．中国三峡建设，2003（10）：30－34.

[2]　方春阳．水电开发与区域经济协调发展研究——以云贵川三省为例［D］．北京交通大学，2010.

[3]　黄健，黄莉．流域水电梯级开发社会可持续性评价体系研究［J］．求索，

2013 (9): 9－12.

[4] 劳承玉，张序．重大水电建设项目区域经济影响评价原则与方法 [J]. 水力发电，2010，36 (8): 9－12.

[5] 陆菊春，邵东国，刘小花．水利投入对国民经济增长贡献的量化方法研究 [J]. 水电能源科学，2002 (1): 54－56.

[6] 石明奎．乌江中下游沿岸的开发及对策 [J]. 贵州财经大学学报，1999 (1): 46－48.

[7] 夏庆杰，张春晓，刘振楠．乌江水电开发对区域经济发展的影响 [J]. 经济与管理评论，2012 (6): 138－142.

# 第6章　乌江水电环境可持续评价

## 6.1　乌江梯级水电站影响及保护

### 6.1.1　乌江梯级水电站的主要生态环境影响

#### 6.1.1.1　水文情势

梯级电站建设引起的水文情势变化，是影响流域生态系统最重要的因素之一。梯级水库建设导致径流的坦化乃至洪、枯季节的转换，并导致下游电站的径流过程主要受上游大型水库出流的控制。如洪家渡水库多年平均汛、枯径流比为1.03，表明年内径流过程基本均匀，而枯水年汛、枯径流比为0.35，表明原有径流过程发生变化。

水库蓄水后抬高了坝上游水位，造成淹没。水位的抬高及运行期的变动对河岸带生态系统造成胁迫。水库淹没有可能导致陆生植物或动物的生境被破坏，如洪家渡水库的淹没对原来生活在库区的猕猴的栖息范围产生了一定的影响。梯级水库建设时，为获得最大的发电效益，上一级水库的尾水往往与下一级水库的回水相衔接，这导致河道被渠化或湖库化，干流原来往往存在的激流生境转变为缓流生境，使得适宜在激流生境生活的水生生物种群衰退、适合在缓流生境生活的水生生物种群扩大占优，对水生态系统的结构产生一定的影响。

#### 6.1.1.2　水温

乌江流域大型水库水温分层明显。洪家渡和构皮滩水库为稳定分层型，东风水库及乌江渡水库为不稳定分层型水库或局部分层型水库（自坝前一定长度的库区范围内水温分层），而索风营、思林和沙沱水库为混合型水库。稳定分层型水库对水温累积具有正效应，混合型水库具有负效应，过渡型水库处于两者之间，就整个流域而言，通过正负效应的相互抵消，水温的累积影响作用减小。

以2006年为现状水平年，当乌江干流中上游4座梯级电站同时运行时进行计算，结果表明，洪家渡水库年平均下泄水温为13.8℃，比天然年平均水温低 2.2℃，下泄水温年变幅仅为 3.3℃；东风水库下泄水温年变幅为 8.5℃，年平均下泄水温仅比天然情况低 1.4℃，对洪家渡下泄低温水的影响有一定减缓作用；索风营水库全库水温混合均匀，水温的累计影响有所减弱，水温仅比天然年平均水温低 1.1℃；乌江渡水库的水温累积效应增强，与天然水温相比，年平均下泄水温降低了 1.7℃。大型调蓄水库构皮滩建成后对下游河道水温的影响较大，并且进一步放大上游梯级开发随水温形成的叠加效应。随着乌江干流整个梯级开发工程的完成，整个梯级对下游河道水温的影响将得到进一步缓解。

#### 6.1.1.3　水质

乌江干流非库区段水质较好，丰水期水质要好于枯水期。洪家渡库区水质较好；东风、索风营和乌江渡库区水体污染严重，总氮、总磷处于中营养和高营养水平，其他指标能满足水功能规划的要求。其中，洪家渡库区 DO 和总磷含量均能达到Ⅰ类水标准，而总氮浓度在枯水期和汛期都超过地表水Ⅱ类标准。东风库区 DO 和 $COD_{Mn}$ 浓度均能达到Ⅰ类水标准，总氮、总磷污染严重，超过地表水Ⅱ类水标准。索风营库区 DO 浓度满足Ⅰ类水水质标准，$COD_{Mn}$ 的浓度范围满足Ⅱ类水标准，不存在有机污染，库区总氮、总磷污染严重，超过地表水Ⅱ类水标准。乌江渡库区的 DO 和有机物指标均能满足Ⅱ类水水质要求，其中 DO 能满足Ⅰ类水要求，而乌江渡库区的总氮和总磷污染仍很严重。

从上游洪家渡库区到下游乌江渡库区，有机物指标 $COD_{Mn}$ 和营养盐指标 TN 和 TP 有逐级增加的趋势，显示出梯级水电开发条件下水质的累积效应。以索风营库区为分界线，库区上游周围的污染物量少，污染物进入水体后能够被水体净化；相反，索风营库区下游，库周污染源量多，水体不能完全净化进入水体的污染物，梯级水电开发会造成水质的累积效应（卞勋文等，2008）。

#### 6.1.1.4　鱼类资源

贵州境内乌江干流梯级电站开发使鱼类生境发生了改变，鱼类资源也随之改变，库区江段鱼类资源影响较为严重。主要栖息于流水生境中的鱼类，退缩至河源江段及库区支流，产卵空间和产卵场规模萎缩，如白甲鱼、泉水鱼、墨头鱼、昆明裂腹鱼、四川裂腹鱼、西昌华

吸鳅、中华倒刺鲃、云南光唇鱼、鲈鲤等。库区江段（为梯级开发电站所限定的江段）已不具备产漂流性卵鱼类产卵的条件，目前生活的鱼类主要是产沉性卵和少量产浮性卵鱼类。考虑到长江上游鱼类资源的分布情况，乌江流域梯级开发不会造成物种灭绝。

#### 6.1.1.5 陆生生态环境

在乌江水电梯级开发过程中淹没大量土地，使陆生植被和野生动植物受到直接影响，这种影响主要局限于库区。水库淹没直接造成原有植物群落被水淹没后而死亡，同时在水库蓄水期间一些迁移能力弱的或者来不及迁移的动物如爬行类中的蜥蜴类及部分蛇类将被淹死。淹没范围内的保护动物，有些本来就数目稀少（如林麝、豹等），有些分布范围较广、适宜生存的区域较多（如穿山甲、小灵猫等），大部分动物可自然转移到是适合其生活的地方去。猕猴在洪家渡水库库区两岸分布范围较广，其每群生活的范围十分狭窄，水库蓄水后远栖息地被淹没，虽可向高出转移，但周围均为农田和旱地，又缺少森林、灌木林，无处藏身和觅食，易遭捕杀。

### 6.1.2 流域尺度生态环境保护措施

#### 6.1.2.1 鱼类增殖放流

（1）索风营鱼类增殖放流站。为减小工程对水生态系统的影响，国家环保总局在对《乌江索风营水电站环境影响报告书》的批复中指出，在进行索风营水电站建设时，应做好和细化岩原鲤等珍稀鱼类增殖保护措施，落实繁殖场建设投资，加强陆生和水生生物监测调查与评价，指定具体陆生动物和鱼类保护方案。另外，国家环保总局在《关于乌江东风水电站扩机工程环境影响报告书的批复》中指出，建设索风营水电站鱼类增殖放流站可与东风水电站统筹考虑，加大规模，统一建设并运行管理，重点增殖放流岩原鲤、白甲鱼、中华倒刺鲃等鱼类，适当提高放流规模和规格，并长期监测鱼类增殖放流效果，定期向地方环保部门报告。环境影响报告书及批复意见要求，增殖放流站建成后长期运行，运行放流时间 20 年。随着技术水平的不断提高可适当提高放流规模和规格。

乌江公司委托水利部中国科学院水工程生态研究所对增殖放流站进行了设计。增殖放流站建设在索风营水电站原 3 号营地位置，占地约 33 亩，工程静态投资 4000 万元。近期重点增殖放流对象选定为四种特有鱼类：岩原鲤、白甲鱼、中华倒刺鲃及长薄鳅。远期根据增殖放流效果与库区鱼类资源变化情况进行调整。根据国家环保总局相关批复意见以及工程建设方的意见，放流站近期放流能力应满足年增殖放流岩原鲤、白甲鱼、中华倒刺鲃和长薄鳅共计 9 万尾的要求，其中岩原鲤和白甲鱼各 3 万尾、中华倒刺鲃和长薄鳅各 1.5 万尾。增殖放流期为 20 年，远期根据监测情况、建设需要、鱼类资源和经济发展适当扩大规模。为运行增殖放流站，还配备了相应的管理和技术人员。

(2) 思林、沙沱鱼类增殖放流站。为促进乌江中下游的水生态保护，根据《乌江思林水电站环境影响报告书》《乌江沙沱水电站环境影响报告书》及其批复意见，乌江公司在思林水电站坝址附近建鱼类增殖放流站，规模满足 2 个电站增殖放流的需要，近期重点增殖放流胭脂鱼、岩原鲤、青鱼、中华倒刺鲃、白甲鱼、泉水鱼、长薄鳅、华鲮，中长期考虑放流圆口铜鱼、圆筒吻鮈、墨头鱼。思林鱼类增殖放流站占地 87 亩，于 2009 年 12 月 28 日正式投运，年放流鱼苗 57 万尾。

(3) 鱼类增殖放流的效果。乌江公司拟每年定期分别在索风营、思林等鱼类增殖放流站放养 60 万尾鱼苗，形成鱼类增殖放流的长效机制。增殖放流的类型一般有 3 类：①生态修复；②增加资源量；③改变生态结构。由于在乌江上进行鱼类增殖放流的时间还不长，水生态系统的演化也需要较长的时间，当前尚未见到系统的对鱼类增殖放流效果进行评估的研究成果。鱼类增殖放流是一个系统工程，必须综合考虑生态安全、生态容量，应建立完善的管理、研究、监测评估和具体实施的增殖放流体系。当前，乌江公司正在系统地开展这方面的研究工作。

#### 6.1.2.2　索风营猕猴、藏酉猴保护区

索风营电站建设公司在对库区猕猴、藏酋猴的生境作了全面深入的调查，并于 2006 年 2 月 27 日向乌江公司报送了《关于乌江索风营电站国家二级保护动物猕猴、藏酋猴保护方案的请示》报告，得到批复后立即进行了猕猴、藏酋猴的生境恢复工程和定点投食工作。

从 2006 年 10 开始，索风营建设公司雇当地百姓定期在猫跳河破岩及下湾等两处猕猴和藏酉猴经常活动的区域开始进行人工投食，每天定时投放约 20kg 食物（花生、玉米、洋芋、红苕等）。2008 年 1 月 10 日，索风营电站建设公司与相关公司签订了索风营电站库区库周猕

猴、藏酋猴人工投食协议，并按时实施。据调查，投食效果显著，发现修建水库时逃逸的猴类又回来觅食。

2006年启动了库区猕猴、藏酋猴的生境恢复种苗栽种工作。截至2009年2月，已按要求在后槽-羊掉岩之间、黄草坪-三岔河之间等指定地点栽种了茅栗、猕猴桃、碰柑等7.8万株，其中在猕猴栖息地营造共栽种板栗、碰柑、猕猴桃（嫁接苗和次生苗）共计6.2万株，后期根据效果跟踪检查，对未成活苗木进行了补植，共栽种柿子、猕猴桃共2.5万株。

目前索风营建设公司已按照原国家环保要求基本完成了库区猕猴、藏酋猴的保护措施，猕猴、藏酋猴数量已逐渐增多，活动范围逐渐扩大。猕猴、藏酋猴保护已取得了一定的效果。

## 6.2 乌江梯级水电站碳减排效益评估

### 6.2.1 沙沱水电站的生命周期碳排放系数计量

#### 6.2.1.1 材料生产阶段，材料运输阶段和建设施工阶段温室气体排放系数

由于沙沱是新建电站，且各项建设数据较为完整，所以选取沙沱作为乌江水电站温室气体排放的算例。

（1）材料生产阶段。主要考虑建设主材包括水泥、钢材和木材的能耗及排放。据统计，沙沱水电站的建设共用水泥70.8万t、钢筋6.97万t、木材59260$m^3$。由于金属结构、机电设备和施工机械等，在水电站建设中所占的重量小于水电站主体工程重量的2%，所以按照一般惯例，不对这部分环境影响进行统计。沙沱水电站各主材在生产阶段的能耗和排放见表6.1。

表6.1 沙沱水电站主要建筑原材料生产阶段环境统计

| 项目 | 指标 | 单位 | 水泥 | 钢材 | 木材 | 合计 |
|---|---|---|---|---|---|---|
| 能源与资源输入 | 能耗 | kg标准煤 | $1.90\times10^8$ | $1.35\times10^8$ | $3.51\times10^5$ | $3.25\times10^8$ |
| | 矿石资源 | t | $1.07\times10^6$ | $4.47\times10^5$ | 1.78 | $1.52\times10^6$ |
| | 木材 | $m^3$ | — | — | $6.70\times10^4$ | $6.70\times10^4$ |
| | 水 | $m^3$ | $2.54\times10^5$ | $2.37\times10^6$ | $1.08\times10^4$ | $2.63\times10^6$ |

续表

| 项目 | 指标 | 单位 | 水泥 | 钢材 | 木材 | 合计 |
|---|---|---|---|---|---|---|
| 大气排放输出 | $CO_2$ | t | $4.06\times10^5$ | $5.72\times10^5$ | $-4.99\times10^4$ | $9.28\times10^5$ |
| | $CH_4$ | t | $1.49\times10^3$ | $1.25\times10^3$ | 1.39 | $2.76\times10^3$ |
| | $SO_2$ | kg | $6.49\times10^5$ | — | $2.63\times10^4$ | $6.75\times10^5$ |
| | $NO_X$ | kg | $4.71\times10^5$ | $1.12\times10^6$ | $2.68\times10^4$ | $1.61\times10^6$ |
| | PM | kg | $4.71\times10^6$ | — | $2.09\times10^3$ | $4.71\times10^6$ |
| | $N_2O$ | kg | $2.34\times10^3$ | — | 0 | $2.34\times10^3$ |
| 水体排放输出 | COD | kg | $3.53\times10^3$ | $1.97\times10^4$ | $1.16\times10^3$ | $2.43\times10^4$ |
| 土壤排放输出 | 固体废弃物 | kg | $2.75\times10^6$ | $3.62\times10^8$ | $2.50\times10^5$ | $3.65\times10^8$ |

（2）材料运输阶段。沙沱坝址区位于贵州省沿河县城上游约 7km 处，与外界沟通主要由公路、水路和铁路构成。其中公路 2 条、水路 1 条、铁路 1 条。分别为 326 国道、印沿省道、乌江水道和渝怀铁路。电站距遵义公路里程 266km，距渝怀铁路秀山站公路里程约为 111km。电站建设用的水泥主要由贵州水泥厂、江电水泥厂和重庆秀山水泥厂等供应，粉煤灰重点由遵义电厂为主，木材由当地供应，钢材在遵义采购。据统计，本工程施工期外来物资总量约为 147.88 万 t。建设物资中，约 18.34 万 t 物资由铁路运至重庆秀山站，再转汽车运抵工地（约占总运输量的 12.5%）；约 127.04 万 t 物资直接由公路运抵工地（约占总运输量的 85.8%）；约 2.5 万 t 重大件运输物资由水路运至工地。重大件主要采用水路运输，从下游经水路至彭水电站，过坝转运后，再经水路运至沙沱电站下游码头，通过下游码头由汽车转运至施工现场。

据统计，从铁路机车的油耗水平看，全路内燃、电力 2 种机型每万吨公里能耗分别为：2005 年内燃机车每万吨公里耗油 24.6kg，电力机车每万吨公里耗电 111.8kW·h（《2006 中国交通年鉴》），两种机型的综合能耗为 39.8kg 标准煤/(万 t·km)。《2007 年中国交通年鉴》中 2006 年汽油货车、柴油货车每百吨公里油耗量分别为 7.9L 和 6.5L，内河运输燃油单耗为 0.00369kg/(万 t·km)。沙沱外来物资运输统计表见表 6.2。

**表 6.2　　沙沱外来物资运输统计表**

| 名称 | 重量/万 t | 运输至施工现场的平均运输距离/km | | | 油耗/t | 电耗/($10^6$kW·h) |
|---|---|---|---|---|---|---|
| | | 公路 | 铁路 | 水路 | | |
| 水泥 | 70.8 | 266 | — | — | 10527.5 | — |
| 钢材 | 6.97 | 266 | — | — | 1036.4 | — |
| 重大件 | 2.5 | 30 | — | 250.5 | 65 | — |
| 木材 | 32 | 30 | — | — | — | — |
| 施工机械及其他 | 35.61 | 111 | 1000 | — | 2711.5 | 1.7 |
| 合计 | 147.88 | — | — | — | 14340.4 | 1.7 |

从 2005 年铁路客货运输工作量看，内燃机车占 57.3%，电力机车占 42.7%，均按照柴油货车计算，柴油的密度取 0.86kg/L。则算得材料运输阶段的总油耗为 14340.4t，总电耗为 $1.7\times 10^6$kW·h。按照电力折标煤系数 0.3619kg 标准煤/(kW·h)，可得总能耗为 $6.15\times 10^5$kg 标准煤。沙沱电站在材料运输阶段的能耗的排放见表 6.2。

(3) 建筑施工阶段。通过统计施工期的各种能耗来计算施工期的排放。施工期能耗主要包括施工设备、施工辅助生产系统、生产性建筑物、营地及生活配套设施等消耗的电能和柴油，施工期的主要耗能项目集中在工程量较大的土石开挖工程、坝体常态及碾压混凝土浇筑工程和施工辅助企业；主要的耗能设备为钻孔设备、运输设备、挖装设备、碾压设备、通风设备及施工工厂的机械设备，而生产性房屋、仓库及生活设施的能耗相对较少。据统计，沙沱水电站施工期的能耗总量为油 12960t，电耗为 15590 万 kW·h。

根据乌江公司火电和水电的比例，本书假设一半的电耗是由火电提供的，火电的电热当量按照 0.3619kgce/(kW·h) 计算，水电的电热当量按照 0.1229kgce/(kW·h)，则沙沱电站在材料运输阶段的能耗的排放见表 6.3。

由于在水电项目中最常用的炸药主要是铵梯炸药，其主要成分为硝酸铵，爆炸后不产生温室气体，所以在本书中对炸药的排放不予考虑。

表 6.3　　　　沙沱电站各阶段能耗与排放统计表

| 项目 | | 单位 | 材料生产阶段 | 材料运输阶段 | 建设施工阶段 |
|---|---|---|---|---|---|
| 能源与资源输入 | 能耗 | kgce | $3.25\times10^{8}$ | $7.23\times10^{7}$ | $3.38\times10^{7}$ |
| | 矿石资源 | t | $1.52\times10^{6}$ | — | — |
| | 水 | $m^3$ | $2.63\times10^{6}$ | $6.83\times10^{6}$ | $3.12\times10^{8}$ |
| 大气排放输出 | $CO_2$ | t | $9.28\times10^{5}$ | $4.77\times10^{4}$ | $1.08\times10^{5}$ |
| | $CH_4$ | t | $2.76\times10^{3}$ | $1.13\times10^{2}$ | $4.87\times10^{3}$ |
| | $SO_2$ | t | $6.75\times10^{2}$ | $2.69\times10^{2}$ | $2.54\times10^{3}$ |
| | $N_2O$ | t | 2.34 | 2.98 | 7.00 |
| | $NO_X$ | t | $1.61\times10^{3}$ | $2.34\times10^{2}$ | $1.36\times10^{3}$ |
| | PM | t | $4.71\times10^{3}$ | $4.90\times10^{2}$ | $2.12\times10^{4}$ |
| 水体排放输出 | COD | kg | $2.43\times10^{4}$ | — | — |
| 土壤排放输出 | 固体废弃物 | kg | $3.65\times10^{8}$ | $1.71\times10^{5}$ | $1.54\times10^{5}$ |

按照全球升温潜能值（GWP）将 $CH_4$ 和 $N_2O$ 分别按照 21 和 310 的倍数折合成 $CO_2$ 当量。材料生产阶段，材料运输阶段和建设施工阶段的温室气体排放量分别为：98.7 万 t、5.1 万 t 和 21.2 万 t。已知沙沱电站建成后，多年平均发电量为 45.52 亿 kW·h，设定沙沱水电站的寿命为 100 年，则三个阶段的二氧化碳排放系数分别为 2.168g $CO_2$eq/(kW·h)、0.11 g$CO_2$eq/(kW·h) 和 0.466 g$CO_2$eq/(kW·h)，合计为 2.748 g$CO_2$eq/(kW·h)。

#### 6.2.1.2　运行维护阶段

沙沱电站运行维护阶段3个方面温室气体排放系数包括：

（1）电站自身运行所需要的能耗和相应的排放。据估计沙沱电站运行期年总能消耗约为 902.73 万 kW·h（不包括设备电能损耗），为年发电量的 0.1983%，因为电站运行期的能耗很低，可以忽略不计。

（2）生命周期内对沙沱电站厂房、大坝和水轮机等机械设备 100%再投资，即水电站维护过程中产生的温室气体排放。对于电站 100 年的维护费用，一般认为建筑物的技术使用寿命为 50～70 年，机电设备的技术使用寿命为 30～40 年，所以在水电站的生命周期内，我们假定对电站的建筑物部分和机电设备都进行了技术使用寿命内进行 100%的再投资，则维护阶段再投资所产生的温室气体排放系数等于水电生命周期中材料生产阶段、材料运输阶段和建筑施工阶段的总

和，即 2.748g$CO_2$eq/(kW・h)。

(3) 水库淹没带来的温室气体排放。刘丛强等在 2006 年对洪家渡蓄水两年后的监测数据，水库库区向大气中排放的二氧化碳排放系数 5.1g$CO_2$eq/(kW・h)。由于洪家渡电站也位于亚热带的乌江流域，所以其数据具有较大的参考性。因此，本报告取 5.1g$CO_2$eq/(kW・h) 为沙沱水库自身温室气体的排放系数。

因此，沙沱电站运行维护阶段的温室气体排放系数为上述 3 部分之和，即 7.848g$CO_2$eq/(kW・h)。

#### 6.2.1.3 综合分析

沙沱水电站各阶段的温室气体排放系数见图 6.1。根据图 6.1，沙沱水电站生命周期温室气体排放系数为 10.58g$CO_2$eq/(kW・h)。目前对于淡水水库淹没温室气体净排放的方面的数据非常少，我国关于水库释放温室气体的现场观测和研究目前正在开展。水库温室气体排放是整个水电链的一个重要组成部分，国内外对运行阶段水库温室气体排放系数均有不同程度的研究。加拿大魁北克公司 1995 年的研究结果为 8.8g$CO_2$eq/(kW・h)，马忠海（2002）对湖南省浣陵县境内的五强溪水电站进行监测的结果为 10.12g$CO_2$eq/(kW・h)。本书研究结果与已有研究结果类似。

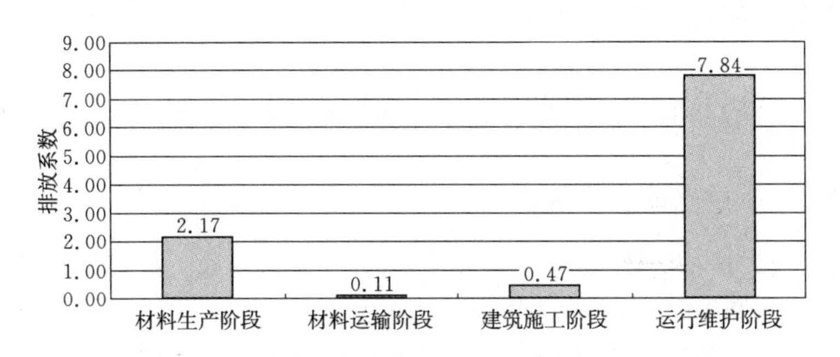


图 6.1 沙沱水电站生命周期各阶段温室气体排放系数

马忠海（2002）评估了 97 座大中型水电站归一化钢材和水泥用量，并推算了建设阶段温室气体排放系数为 7.0g$CO_2$eq/(kW・h)；同时根据水电站归一化水面面积估算了 73 座大中型因增加淹没土地带来的运行期温室气体排放系数为 7.63g$CO_2$eq/(kW・h)。瑞典 Vattenfall 公司（2008）研究了瑞典境内 13 座水电站温室气体排放情况，运行阶段土地淹没的温室气体排放系数排放远高于施工阶段的温室气体排放系数。本书计算所得的沙陀水电站温室气体排放系数与这些研究成果基本一致。

### 6.2.2　乌江梯级水电开发的温室气体减排效益评估

IEA 2000 年及 2002 年的运用生命周期的方法所做的研究表明：水电与化石燃料发电相比其对气候变化的贡献是比较小的，对于北部地区的水库，总排放量介于 11kt$CO_2$-15kt$CO_2$ eq/(TW·h)，此数据同本次对沙沱水电站进行生命周期评价所计算的结果一致[37]。将沙沱生命周期分析的结果应用于全流域，即乌江梯级电站温室气体排放因子为 10.58g$CO_2$ eq/(kW·h)。根据已有研究（隋欣等，2012），水电温室气体减排的排放系数法和基准线法，两种计算方法的结果非常接近。又由于乌江梯级电站的功率密度大于 10W/$m^2$，完全适用基准线法，2010 年公布的南方电网基准线排放因子的 0.7134t$CO_2$/(MW·h)。根据上节生命周期的评价结果，乌江梯级电站温室气体排放因子为 10.58g$CO_2$ eq/(kW·h)，按照 2010 年乌江干流梯级开发年发电量 136.3 亿 kW·h 计算，根据式（3.1），乌江梯级电站年综合减排效益约为 957.6 万 t，远远大于水库温室气体 14.4 万 t 的年排放量，可见乌江梯级水电具有突出的节能减排效益。

## 6.3　乌江水电梯级开发生态损益评估

### 6.3.1　提供产品类服务功能

#### 6.3.1.1　减排效益

按照 2010 年乌江干流梯级开发年发电量 136.3 亿 kW·h 计算，按照火电每千瓦时消耗标煤 330g 计算，则每年可节约煤炭资源 449.8 万 t 标煤，按照标煤与原煤的折合系数 0.7143，折合成 630 万 t 原煤。电煤平均价格按照 570 元/t 核算，则梯级水电年发电量所节约的煤炭资源的效益为 359100 万元。

乌江梯级电站年综合减排效益约为 957.6 万 t。按照目前碳交易市场加权平均价格，即每吨 $CO_2$ 按 11.6 元计算，则乌江梯级电站替代化石能源所带来的综合减排效益大约为 99973 万元。关于碳价格的

参数选取，也可采用中国造林成本 260 元/t 进行评价，据此得到的综合减排效益大约为 67903 万元。取两种方法计算所得结果的平均值 83938 万元为这项功能的价值。

#### 6.3.1.2 渔业生产功能及经济价值评价

渔业资源的价值损益计算，主要体现在物质生产和生物多样性保护两个方面。因此，河流渔业价值损益评估应从两个方面进行计算，包括渔业的产品价值损益和物种存在价值损益。

渔业产品价值的损益计算，采用市场价值法对河流渔业生产变化的价值量进行估算。市场价值法的基本原理是将生态系统作为生产中的一个要素，生态系统的变化将导致生产率和生产成本的变化，进而影响价格和产出水平的变化，或将导致产量或预期收益的损失。

渔业产品价格与产量有关，当产量较高时，价格相应较低。水电工程周期较长，渔业产品的价格水平也会发生一定的变化。在对河流渔业产品的价值进行计算时，可用静态计算方法求得。即用鱼类产品的平均价格与鱼类产品的质量之积作为渔业产品的年平均产值。

$$V_{渔1} = (Y_{后} - Y_{前}) \times P_f \tag{6.1}$$

式中：$V_{渔1}$为鱼类产品的价值损益；$Y_{后}$为水电工程建设后，库区范围内鱼类产品的产量；$Y_{前}$为水电工程建设前，库区范围内鱼类产品的产量；$P_f$为水电工程建设及运行期间鱼类产品的平均价格。

乌江渔业资源主要来自天然渔业捕捞和水产养殖两部分，对于库区江段鱼产量的计算，由于洪家渡、东风、索风营水库没有人工养殖或放养，剔除在建的思林和沙沱水库和 2009 年刚蓄水的构皮滩水库，则我们主要以乌江渡库区的网箱养鱼作为库区江段的鱼产量，根据《中国渔业统计年鉴》，以 1999 年为参照基准年，1999 年贵州省水库平均单产为 262kg/hm$^2$，2009 年贵州省水库平均单产为 1165kg/hm$^2$，乌江渡水库面积 4800hm$^2$，鱼的价格取 10 元/kg，则建库后，库区渔业收益为：

$$V_{渔1} = 4800\times1165\times10 - 4800\times262\times10 = 4334\ (万元)$$

在鱼类进化过程中出现的河流特有鱼类，具有较高的科学价值和经济价值。水电梯级开发对河流特有鱼类的影响性大，库区特有鱼类为科学研究和河流的生物多样性做出了很大的贡献，可采用期望效用法进行核算，一般来说，这些鱼类的价值难以进行直接衡量。

受水电工程影响的特有鱼类的价值损益，可以用修建特种鱼类繁殖基地需要的花费及相关配套设施的费用进行表示，即采用替代工程法来衡量这些鱼类的价值损益。替代工程法，又称为影子工程法，是恢复费用法的一种特殊形式。替代工程法是在生态系统遭受破坏后人工建造一个工程来代替原来生态系统的服务功能，用建造新工程的费用来估计生态系统破坏所造成的经济损失的一种方法。此处应用乌江公司对于鱼类增殖放流的投入，作为特有鱼类替代工程费用。针对修建大坝对水生生态的影响问题，华电乌江公司与国内权威鱼类研究和养殖机构合作，共投资 1.5 亿元在索风营、思林电站建成国内管理最规范、设备技术最先进的鱼类增殖放流站，重点繁殖放流岩原鲤、白甲鱼、中华倒刺、长薄鳅等珍稀鱼类，增殖放流期为 20 年，即平均每年增殖放流的投入大概为 750 万元。这对对河流生态系统来说，是一种支出，因此在计算过程中符号为负，其数学表达式为：

$$V_{渔2}=-G=-\sum X_i(i=1,2,3,\cdots,n) \tag{6.2}$$

式中：$V_{渔2}$为特有鱼类的价值损益；$G$ 为替代工程的费用；$X_i$为替代工程中个项目的费用。

综上所述，水电工程的修建对河流的渔业生产和鱼类资源造成的影响，可以用下式来表达：

$$V_{渔}=V_{渔1}+V_{渔2} \tag{6.3}$$

式中：$V_{渔}$为水电工程建设后，库区范围鱼类价值的损益。则乌江水电梯级开发的渔业价值损益粗略估计为 3584 万元。

#### 6.3.1.3　农林生产功能及经济价值评价

(1) 耕地淹没的经济损益分析。根据乌江梯级开发的水库淹没调查统计数据，水库蓄水将要淹没耕地（含水田、旱地和园地）8477.63hm$^2$，占被淹土地的 39.79%；各类森林 3997.82hm$^2$，灌木林地 6009.16hm$^2$。分别占被淹土地的 17.56%和 27.48%。从植被的角度看，受淹没影响最大的是灌丛-灌草丛植被（包括上述地类中的灌木林地、宜林荒山、未利用地等），其主要类型为黔中一代广泛分布的以火棘、悬钩子、野蔷薇为主的喀斯特灌丛、以茅栗、白栎为主的酸性土灌丛，以及部分以竹叶榕、球核荚蒾为主的河滩灌丛，其淹没面积达 9367.31hm$^2$，占梯级开发淹没土地总数的 41.13%；农田植被次之，受影响的植被类型有以水稻-小麦为主的水田植被和以玉米—油菜为主的旱地植被，其淹没面积 8477.63hm$^2$，占 39.7%；森林植被也会收到淹没影响，其中以马尾松林、柏树林和部分以响叶杨、光

皮桦、枫香为主的次生性落叶阔叶林，共计 3997.82hm²，占 17.56%；灌草丛（牧草地）所受影响相对较轻，被淹 425.02hm²，仅占 2.07%。

乌江粮食作物以水稻（中、下游）、玉米（上游）、小麦和薯类（上、下游）为主。耕地 80%趋于低产田土，水稻亩产仅 200 kg 以下，旱地旱作物亩产 100 kg 以下。乌江干流（贵州境内）梯级开发水库淹没影响面积统计见表 6.4。

按照贵州省移民安置补偿标准，旱地年产值按 850.5 元/0.067hm²，水田年产值按 1247.5 元/0.067hm²，由上表可知，乌江梯级水电开发共淹没旱地 5357.37hm²，水田 2754.23hm²，计算得到乌江梯级水电开发因水库淹没的旱地的经济损失为 6835 万元/a；水田的经济损失为 5154 万元/a。因此乌江梯级水电站开发库区淹没耕地的总经济损失为 11989 万元。

**表 6.4　乌江干流（贵州省境）梯级开发水库淹没影响面积统计**

单位：hm²

| 电站名称 | 耕地 | | 林地 | | | 牧草地 | 建设用地 | 未利用地 | 合计 |
|---|---|---|---|---|---|---|---|---|---|
| | 水田 | 旱地 | 园地 | 有林地 | 灌木林地 | | | | |
| 洪家渡 | 595.53 | 889.73 | 92.33 | 365.53 | 19.87 | 49.87 | 48.12 | 0 | 2060.98 |
| 东风 | 130.29 | 452.63 | — | 230.67 | 657.22 | 14.51 | 14.44 | 403.21 | 1902.97 |
| 索风营 | 5.97 | 97.8 | — | 25.69 | 182.86 | 1.59 | 0.77 | 83.6 | 398.28 |
| 乌江渡 | 433.31 | 959.25 | 59.15 | 1299.28 | 1933.87 | 38.53 | 52.44 | 151.28 | 4987.11 |
| 构皮滩 | 744.81 | 1488.52 | 200 | 1526.67 | 2366.67 | 52.12 | 43.35 | 61.21 | 6483.35 |
| 思林 | 603.83 | 810.72 | 5.71 | 503.02 | 375.38 | 48.16 | 115.37 | 1429.86 | 3892.05 |
| 沙沱 | 240.62 | 658.72 | 8.84 | 46.96 | 412.28 | 220.24 | 61.28 | 285.02 | 1933.96 |
| 合计 | 2754.23 | 5357.37 | 366.03 | 3997.82 | 5948.15 | 425.02 | 335.77 | 2414.18 | 21658.7 |

注　表中数据来自各个水电站环境评价影响报告书；构皮滩耕地按实际比例加以分解。施工占地未计入。

（2）经济林业及价值损益计算。根据森林资源清查统计结果，贵州林业用地面积为 543 万 hm²，蓄积量 21000 万 m³。可算出贵州省平均蓄积量为 38.67m³/hm²，按出材率 70%计算，则林地木材生产率为 27.069m³/hm²。

根据实地调查，库区居民薪柴用量很大，人均用干柴量达到1000kg/a，木材密度取 0.51t/$m^3$，折合人均用柴量 1.96$m^3$/a。根据乌江梯级开发方案，库区移民总人口为 107171 人，按农业人口比例70%计算，折合年减少砍伐林地面积 3802.4$hm^2$。

2009 年，每立方米木材市场平均价格为 1000 元。乌江水电开发共淹没林地面积 10007$hm^2$，以电代柴每年可减少砍伐森林的面积为3802.4$hm^2$，可得出森林淹没所损失的原材料和产品的总价值约为16795 万元。

#### 6.3.1.4　灌溉效益

由于乌江两岸，田高水低，原无灌溉可能。所以在乌江干流规划报告中，对乌江干流的综合利用并未提及灌溉效益，遂不存在水库下泄低温水对农业生产的影响，故本研究对灌溉效益不予考虑。

#### 6.3.1.5　航运效益

航运效益主要表现在以下几个方面：①增加航道水深和宽度，延长河道通航里程，扩大航道通过能力；②淹没急流险滩，改善航行条件，提高船舶运行安全度，减少航行事故；③改善航道水流条件，提高船舶吨位和船舶载重率，缩短船舶运转周期，减少运输消耗，降低船舶营运成本；④减少航道维护费用；⑤减少河道水位变幅，稳定和控制河势，有利于港口建设；水位提高增强了河流的航运能力，其效益增加值可以用改善航道长度与节省的单位运输费用的乘积来计算，即

$$V_{航运} = \beta P_C L Q_C \tag{6.4}$$

式中：$V_{航运}$为航运的效益；$P_C$ 为节省的单位运输费用；$L$ 为改善的航道长度；$Q_C$为工程建设后年平均货运量；$\beta$ 为航道航运环境状况改善后新增航运效益的分摊系数。

乌江干流梯级开发形成的宽阔水面，将极大地改善乌江的通航条件，促进乌江流域的水道运输。全部梯级水库建成后，东风坝下至构皮滩库尾 160km 达五级航道标准，构皮滩至涪陵 544km 达到四级航道标准。乌江干流上 9 个梯级水电站的修建，所形成的宽阔水面上下连接，将极大改变“乌江峡谷天险”的面貌，使之成为宽阔的水运航道，大型船只可从长江直达乌江中上游的贵州腹地，极大地缩短贵州内地与长江中下游发达地区的距离，对促进贵州经济的发展具有重要

作用。

乌江干流从余庆县大乌江以下至涪陵 447km 航道可通 60～100t 级（汛期，间断性通航最大可达 300t）的机动客货轮，主要运量集中在重庆境内的下游河段。根据乌江干流规划报告，规划 2000 年运送货物共 160.77 万 t，则航运总收入为 8013.84 万元。

### 6.3.2 生物支持服务功能

#### 6.3.2.1 有机质生产损益

乌江干流（贵州省境）梯级开发水库蓄水淹没的植被类型及其生物量见相关文献（中水顾问集团贵阳勘测设计研究院，2008）。通过计算淹没区生物量，评价其固定碳和释放氧气的生态经济价值损失。根据资料，淹没区生态系统总生物量为 643941t。根据光合作用方程式，生产 1g 植物干物质能固定 1.63g$CO_2$、释放 1.20g$O_2$，则计算得到蓄水淹没导致的 $CO_2$ 固定量每年减少 105 万 t，折合固定碳量为 28.6 万 t/a，固碳效益采用中国造林成本 260 元/t 碳进行评价，得到导致的年固碳效益损失为 7436 万元/a。

#### 6.3.2.2 生物多样性价值损益

河流生物多样性的价值包括直接利用价值和间接利用价值。直接利用价值的改变可通过河流生态系统可直接利用生物的产量变化估算，即可用市场价值法衡量。由于在上一部分已经对实物的损益进行了计算，此处不再重复计算。

间接利用价值则是指不能直接转化为经济效益的那部分生物多样性价值。间接利用价值的计算比较复杂，这里选取较具代表性的几个方面进行说明。

首先，关于生物多样性的损失，采用北京林业大学张颖教授的研究，按照西南地区森林多样性价值每公顷 5.9346 万元核算，则乌江流域梯级电站淹没林地所造成的生物多样性损失为 59025 万元。其次，乌江梯级水电开发的过程对库区生物会造成一定的影响，为了减少这方面的负面影响，需要进行生态修复和珍稀生物的保护，预计对陆生生态和水生生态保护的总费用大约为 3.4 亿元（按照梯级电站静态总投资的 1%计算）。若每年维护这些保护区的费用按照投资费用的 10%计算，则每年需投入 3400 万元/a 来保护梯级水库影响的生物。

应该指出的是，乌江梯级水电开发水库蓄水淹没对动物造成的不利影响具有明显的局限性，这主要是由于生活在淹没区的野生动物在水库淹没线以上的库周地带仍有广泛分布。因此水库淹没影响不会改变库区库周的陆生动物区系特征及类型结构。

#### 6.3.2.3　水土保持价值损益

水电开发工程的挖掘、土石堆放会破坏植被，降低地表植被的截流作用。这部分的损失由水库淹没的森林和草地所具有的土壤持留作用来衡量。根据前人研究成果，每公顷森林持留土壤的单位价值约为 1805.38 元，每公顷草地持留土壤的单位价值约为 1005.98 元（谢高地，2008)，则乌江梯级水电开发淹没森林和草地所损失的水土保持价值约为 1843.2 万元。

水库蓄水后，由于库岸形成过程中的侵蚀和堆积作用以及淹没、浸没、地下水位上升等影响，会造成水土流失。这些都会影响生态系统的水土保持功能。这部分价值损益可用恢复费用法对水电工程建设造成的水土流失价值进行计算。其基本原理是水电工程建设扰动了库区的土壤，水土流失量增加，对库区人们的生产、生活和健康造成了损害，为消除水土流失造成的影响，最直接的办法就是采取措施如修拦沙坝、植树造林等手段，使水土流失量不变，采取措施的费用即乌江干流 7 个电站的水土保持投资费用作为河流生态系统的水土保持损益价值，约为 27200 万元。

### 6.3.3　生态系统调节服务功能

#### 6.3.3.1　水文调节功能

河流生态系统的水文调节功能主要指它的调蓄洪水功能，水电工程建设形成的巨大库容可以蓄洪调枯、控制洪水。河流生态系统水文调节功能的价值一般运用机会成本法计算因调蓄洪水而减少淹没的农田及减少受灾人口的经济价值，其具体的计算公式如下：

$$V_{洪} = V_{洪1} + V_{洪2} = S_1 P_1 + S_2 P_2 \tag{6.5}$$

式中：$V_{洪}$为梯级水库调蓄洪水减少淹没的经济价值，元/a；$V_{洪1}$为减少农田淹没的经济价值，元/a；$V_{洪2}$为减少城镇受灾人口的经济价值，元/a；$S_1$为年均减少的农田淹没面积，hm$^2$/a；$P_1$为单位平均淹没的综合损失值，元/hm$^2$；$S_2$为年均减少的城镇受灾人口数，人/a；$P_2$

为人均综合损失指标，元/人。

乌江干流沿江城镇，为适应山溪性洪水的特点，一般主要街道的位置都较高，洪水灾害在乌江沿岸一般并不很突出，故未提出明确的防洪要求。但乌江来水占长江上游来水的11%，是长江宜昌三峡洪水的组成部分，洪峰占有一定的比重，地理位置紧靠三峡库区，对三峡库区的洪水起着一定的影响。目前长江中下游防洪规划中及三峡水利枢纽防洪规划中，均要求上游各支流水库对长江防洪能起到应有的作用。根据规划，安排洪家渡、乌江渡（0.73亿$m^3$），构皮滩（4.2亿$m^3$），思林（0.95亿$m^3$）和沙沱（2.04亿$m^3$）预留适当的防洪库容。

据长江水利委员会调查的实物指标，考虑洪灾损失增长率和物价上涨指数，2010年汛期，三峡工程防洪经济效益达到266.3亿元。但乌江来水占长江上游来水的11%，长江多年年径流量为9034亿$m^3$，乌江多年年径流量534亿$m^3$，乌江梯级水库总库容为161.73亿$m^3$，占长江径流量的1.8%。三峡的防洪库容有221.5亿$m^3$，乌江为长江预留11.66亿$m^3$库容，则乌江梯级水电开发调蓄洪水的价值约为140183万元。这个数据与运用频率曲线法所得到的多年平均防洪效益的计算结果相吻合（中水顾问集团贵阳勘测设计研究院，2008）。中水顾问集团贵阳勘测设计研究院（2008）考虑库容最大的洪家渡和构皮滩进行计算，得出的防洪效益约为124820万元。取两种方法计算所得结果的平均值132501.5万元为这项功能的价值。

#### 6.3.3.2 河流输送功能

河流生态系统的输送功能包括泥沙输送、营养物质输送和淤积造陆功能。水库蓄水后，由于流水断面扩大、流速减小，水流的挟沙能力降低，使大量泥沙在库区落淤，形成水库淤积。而水库下泻的河水变清后，对下游河床和闸桥坝等建筑物则产生冲刷和侵蚀作用。所以对河流输送功能价值的核算，主要从泥沙清淤的处理费用、堤岸加固费用、造陆功能的减弱三方面进行考虑。

六冲河流域位于云贵高原东坡，山地占85%，丘陵占12%，平地仅3%。流域植被差，是乌江流域泥沙的主要来源之一。源头所产生的泥沙除汛期泄洪少量带入乌江干流，武隆站实测多年平均悬移质输沙量为3165万t，仅占长江干流宜昌站多年平均输沙量的6.6%，是长江上游一条水量较丰、沙量较小的支流。乌江渡水库建成蓄水后，拦沙效果显著。以1980年为例，乌江渡实测出库泥沙374万t，而上游鸭池河站为 1880 万 t，可见 1980 年至少有 1500 万 t 左右的泥沙淤泥在库内。所以，乌江干流梯级只需考虑区间产生的泥沙量，而此泥沙都较少。梯级修建后，泥沙主要也淤积于乌江上游，与自然情况下差不多。

河流的输送功能可以采用恢复费用法计量泥沙淤积造成的价值损失，即用工程清除泥沙淤积，采用河道、水库的清淤维护成本。人工清理河道成本取 3.1 元/t，根据武隆站实测多年平均悬移质输沙量为 3165 万 t，思南站 1980—2000 年平均输沙模数为 96.5 t/(km$^2$ · a)，可推算出乌江梯级电站的拦沙量约为每年 2670 万 t，由此得到清除水库泥沙淤积成本每年 8277 万元。

而对下游堤岸的冲刷威胁下游河床和闸、桥、坝等建筑物的安全时，一般会建设防护工程来加固堤岸。此时应采用防护费用法，即防治工程的建设和维护费用用作对下游冲刷影响的损失价值评估。

另外，可运用机会成本法计算因水库泥沙淤泥而使其失去造地功能的经济价值，及泥沙淤泥的损失值：

$$V_{沙} = S_{沙} P_{沙} = P_{沙} Q_{沙} / (10000 d_{沙}) \tag{6.6}$$

式中：$V_{沙}$为乌江梯级水库泥沙淤积的经济价值，元/a；$S_{沙}$为泥沙淤积而损失的造地面积，hm$^2$/a；$P_{沙}$为因泥沙淤积使土地失去造地功能的单位损失值，元/hm$^2$；$Q_{沙}$为年均泥沙淤积量，m$^3$/a；$d_{沙}$为土壤表土平均厚度，m。

由于乌江属于少沙河流，加之水库拦沙对于三角洲造陆的影响较小，本部分不对造陆功能进行经济评价。

#### 6.3.3.3　涵养水源的价值损益

采用替代工程法来评估森林涵养水源的价值。本研究采用水量平衡法来计算森林水源涵养量，即：

$$W = (R - E)A = \theta RA \tag{6.7}$$

式中：$W$ 为涵养水源量，m$^3$/a；$R$ 为平均降雨量，mm/a；$E$ 为平均蒸发量，mm/a；$A$ 为研究区域面积，hm$^2$；$\theta$ 为径流系数。

乌江流域多年平均降水量为 1160mm，径流系数取 0.50。水价可用影子工程价格替代，即以全国水库建设投资测算的每建设 1m$^3$ 库容需投入成本费 0.67 元。估算因水库淹没而导致森林丧失涵养水源经济损失共计 3985 万元。

### 6.3.4 文化娱乐功能

乌江流域内文物古迹虽多但景点分散，且均不在建库范围内，不存在蓄水后文物古迹及景点被淹没的问题。而交通条件的改善，则有利于开发旅游资源，促进旅游事业的发展。随着乌江梯级开发的完成，高峡出平湖，流域内新出现了许多风景名胜区。流域内因电站建设而形成的许多风景区现已名闻天下，如红枫湖、织金洞景区。乌江干流9个梯级电站建成后，每个电站的上游都形成了拥有一定库容的库区，使乌江沿岸山川更为神奇壮美。洪家渡和东风两个水库区均是典型的喀斯特山区，奇山怪石多，景色优美，惟一所缺的是水域，由于水库的建设，这一缺陷得以弥补，优美的湖光山色，使这里成为良好的天然旅游胜地。洪家渡电站的六冲河上游形成的49亿立方米的库区，是沿岸的织金县、黔西县新增一个壮观的风景旅游区。余庆、瓮安、思南等县可向游人展示神奇的乌江峡谷和大乌江风景旅游线路。而索风营电站在设计阶段就考虑建成一个旅游电站、绿色电站，可供广大游人参观游览。更为壮观的是沿河自治县境内，由夹石峡、黎芝峡、银童峡、土坨峡、王坨峡组成的89km长的乌江5峡，可望成为贵州的又一国家级旅游黄金水道。梯级电站的建设，造就了神奇壮美的旅游风景区，吸引大量游客的到来，创造丰厚的旅游收入。以黔西县为例，“十五”期间，黔西县相继开发了东风湖、百里杜鹃、柯家海子等景区景点，建设资金达500余万元，每年游客量在20万人左右，拉动各产业创收达7000余万元。

水电工程开发对河流文化娱乐功能价值的损益可以用旅行费用法和支付意愿法等环境经济学的价值评估方法进行计算。根据《2009年贵州省统计年鉴》，$V_t$为790元/人次；$Q_t$为水电工程开发后，增加的旅游人数，$Q_t$为80000人。则每年的旅游收入为6320万元。

另外，根据Constanza对生态系统服务功能的分类，休闲娱乐和文化服务（包括生态系统的美学、艺术、教育、精神及科学价值）是生态系统服务功能的重要组成部分。全世界湖泊生态系统年均提供的休闲娱乐价值为1886元/($hm^2$·a)，按照乌江7个梯级水库的面积31765$hm^2$可计算乌江梯级开发的休闲娱乐和文化服务功能的价值为每年5991万元。

### 6.3.5　综合评估

乌江梯级水电开发河流生态系统服务价值为 862936 万元，见表 6.5。乌江梯级水电开发完成后，如果不考略能源替代效益，河流生态服务功能负效益为 136550 万元/a，正效益为 234028 万元/a，生态服务功能总效益增加 97478 万元/a。在考虑能源替代效益 359100 万元/a 的情况下，乌江水电梯级开发的生态服务功能的正效益远远大于副效益。

**表 6.5　乌江水电梯级开发河流生态系统服务功能评价结果**

| 河流生态系统服务功能 | 指标 | 总价值量/(万元/a) |
|---|---|---|
| 生态系统产品提供功能 | 能源替代 | 359100 |
| | 温室气体减排 | 83938 |
| | 渔业生产 | 3584 |
| | 农业生产 | −11989 |
| | 经济林业 | −16795 |
| | 航运 | 8013 |
| 生态系统支持功能 | 固碳释氧 | −7436 |
| | 生物多样性 | −59025 |
| | 水土保持 | −29043 |
| 生态系统调节功能 | 水文调节 | 132502 |
| | 河流输送 | −8277 |
| | 涵养水源 | −3985 |
| 文化娱乐功能 | 旅游 | 5991 |

## 参考文献

[1]　卞勋文，魏浪，李磊，等．梯级开发条件下乌江干流水质的累积影响研究［C］//全国环境与生态水力学学术研讨会．2008.

[2]　马忠海．中国几种主要能源温室气体排放系数的比较评价研究［D］．中国原子能科学研究院，2002.

[3]　隋欣，廖文根．中国水电温室气体减排作用分析［J］．中国水利水电科学研究院学报，2010，08（2）：133-137.

[4] 谢高地，甄霖，鲁春霞，肖玉，陈操．一个基于专家知识的生态系统服务价值化方法 [J]. 自然资源学报，2008，23 (5)：911 - 919.

[5] 中水顾问集团贵阳勘测设计研究院．贵州乌江水电开发环境影响后评价报告 [R]. 2008.

[6] Vattenfall. Vattenfall AB Generation Nordic Certified Environmental Product Decleration EPD of Electricity from Vattenfall's Nordic Hydropower [R], 2008.

# 第7章　乌江水电可持续综合评价

## 7.1　结果

应用第3章构建的运行阶段水电可持续综合评价指标、权重、标准、计量模型，根据第4章至第6章乌江管理、社会经济、环境可持续评价成果，计算运行阶段乌江梯级水电可持续综合评价指数，结果见表7.1和表7.2。

**表7.1　　运行阶段乌江梯级水电可持续综合评价**

| 准则层 | 权重 | 指标层 | 权重 | LTI | HTI | UTI | | | 乌江 | | |
|---|---|---|---|---|---|---|---|---|---|---|---|
| | | | | | | UTI | NI | 得分 | AI | NI | 得分 |
| 社会经济(SE) | 0.3 | SE1:水电带动当地人均年GDP变化率，% | 0.0749 | 0 | 5 | 0 | 0.00 | 0.0000 | 4.00 | 0.80 | 0.0599 |
| | | SE2:水电带动农民人均纯收入年变化率，% | 0.0435 | 0 | 5 | 0 | 0.00 | 0.0000 | 3.00 | 0.60 | 0.0261 |
| | | SE3:就业机会，人/MW | 0.0267 | 0 | 5 | 1.94 | 0.39 | 0.0104 | 4.09 | 0.82 | 0.0218 |
| | | SE4:水电综合利用效率，% | 0.0171 | 0 | 100 | 50 | 0.50 | 0.0086 | 100 | 1.00 | 0.0171 |
| | | SE5:移民年均收入占区域人均收入的比重，% | 0.1378 | 0 | 100 | 76 | 0.76 | 0.1047 | 85 | 0.85 | 0.1171 |
| 环境(EN) | 0.3 | EN1:下游生态流量保证率，% | 0.1136 | 0 | 100 | 60 | 0.60 | 0.0682 | 100 | 1.00 | 0.1136 |
| | | EN2:富营养化比例，% | 0.0175 | 0 | 100 | 50 | 0.50 | 0.0088 | 55 | 0.45 | 0.0079 |

续表

| 准则层 | 权重 | 指标层 | 权重 | LTI | HTI | UTI | | | 乌江 | | |
|---|---|---|---|---|---|---|---|---|---|---|---|
| | | | | | | UTI | NI | 得分 | AI | NI | 得分 |
| 环境(EN) | 0.3 | EN3:运行前后珍稀濒危鱼类种类变化率,% | 0.0746 | 0 | 150 | 100 | 0.67 | 0.0497 | 69 | 0.46 | 0.0343 |
| | | EN4:运行前后河岸带珍稀濒危植被种类变化率,% | 0.0455 | 0 | 150 | 100 | 0.67 | 0.0303 | 110 | 0.73 | 0.0334 |
| | | EN5:运行阶段单位发电量GHG排放量 $tCO_2$/(GW·h) | 0.0133 | 3.7 | 237 | 41 | 0.84 | 0.0112 | 7.84 | 0.98 | 0.0131 |
| | | EN6:生态影响与生态价值的比率,% | 0.0355 | 50 | 100 | 78 | 0.44 | 0.0156 | 58 | 0.84 | 0.0298 |
| 管理(MA) | 0.4 | MA1:资产报酬率(ROA),% | 0.112 | 0 | 10 | 5 | 0.50 | 0.0560 | 4.00 | 0.40 | 0.0448 |
| | | MA2:销售收入增长率,% | 0.112 | 0 | 60 | 20 | 0.33 | 0.0373 | 54 | 0.90 | 0.1008 |
| | | MA3:水能利用提高率,% | 0.0626 | −20 | 20 | 0 | 0.50 | 0.0313 | 2.60 | 0.57 | 0.0354 |
| | | MA4:弃风率,% | 0.0221 | 0 | 20 | 4 | 0.80 | 0.0177 | 2.00 | 0.90 | 0.0199 |
| | | MA5:环保设备利用率,% | 0.0315 | 0 | 100 | 60 | 0.60 | 0.0189 | 100 | 1.00 | 0.0315 |
| | | MA6:大学本科及以上学历职工占比,% | 0.0133 | 0 | 100 | 50 | 0.50 | 0.0067 | 95 | 0.95 | 0.0126 |
| | | MA7:企业经营管理与相关法律、法规、政策性文件的一致性 | 0.0466 | 不一致 | 一致 | 基本一致 | 0.50 | 0.0233 | BC-GC | 0.75 | 0.0350 |

表 7.1 结果表明：与管理和环境可持续指标相比，乌江梯级水电站社会经济指标的可持续水平较高。管理指标“资产报酬率”、环境指标“水库富营养化比例”及“运行前后珍稀濒危鱼类种类变化率”的得分值较低，均小于 0.5。此外，乌江梯级水电站的社会经济指标“水电带动农民人均纯收入年变化率”、管理指标“水能利用提高率”也相对较低。

**表 7.2　　运行阶段乌江梯级水电可持续综合指数**

| 准则层/综合指数 | 强不可持续 | 弱不可持续 | 基本可持续 | 弱可持续 | 强可持续 | 乌江得分 | 可持续等级 |
|---|---|---|---|---|---|---|---|
| SE | <0.061 | [0.061, 0.124) | 0.124 | (0.124,0.212] | >0.212 | 0.242 | 强可持续 |
| EN | <0.092 | [0.092, 0.184) | 0.184 | (0.184,0.242] | >0.242 | 0.232 | 弱可持续 |
| MA | <0.095 | [0.095,0.190) | 0.191 | (0.191,0.296] | >0.296 | 0.280 | 弱可持续 |
| CHSI | <0.248 | [0.248,0.499) | 0.499 | (0.499,0.749] | >0.749 | 0.754 | 强可持续 |

表 7.2 结果表明：乌江梯级水电站管理、社会经济、环境子系统均处于可持续状态。其中，社会经济子系统为强可持续水平，得分 0.242 分。环境和管理子系统的得分分别为 0.232 分和 0.280 分，处于弱可持续水平。乌江梯级水电站水电可持续指数综合得分为 0.754 分，处于强可持续水平。

根据表 7.2 结果，建议决策者和乌江公司进一步加强乌江流域水生生态系统保护，以提高环境子系统和乌江水电可持续综合水平。

## 7.2　讨论

### 7.2.1　多准则决策分析方法的适用性

水电可持续发展系统具有复杂性特征，各子系统及复合生态系统均缺乏量化描述模型。乌江案例表明，水电项目可持续评价意味着针对管理、社会经济、环境及技术问题的多次价值判读，属于跨学科领域。

由于研究问题的复杂性，以及传统研究方法如费用效益分析、

费用效果分析、环境影响评价在评价某项政策或投资项目全部影响的局限性，多准则决策分析方法作为有效的替代方法已广泛应用于政策研究（Browne等，2010）。多准则分析方法可综合考虑流域社会经济、生态、管理子系统及各子系统与水电项目之间的关系，在决策分析中可考虑人类不同目标和价值取向（Maxim，2014），融入决策者的思想，适合处理流域生态系统及水电可持续评价这类复杂的多属性、多目标、群决策问题（Shmelev，2011），并对受多种因素制约的事物和现象给出一个总体评价。乌江案例表明：多准则决策分析方法的这些优势，确保其在水电可持续综合评价中的成功应用。

### 7.2.2 运行期中国水电可持续评价指标及标准的准确性

已有研究表明，尽管用于评价可持续发展水平的指标都应该根据参考文献设定评价标准，但有些指标在应用过程中确实难以给出合适的可持续标准（Hayashi等，2014）。实际上，IHA《水电可持续评估规范》只给出了评价主题，并没有具体的指标、标准或阈值（IHA，2010）。针对这个难题，我们的解决思路是根据水电项目环境、社会化经济、管理子系统的影响分析及可持续评价成果，选取其中可表征关键环境影响与效益，并具有阈值的指标，构建水电可持续综合评价指标体系。

水电项目在规划、设计、施工、运行不同阶段的管理内容迥异，与之对应，水电可持续综合评价内容及涉及的评价指标差异较大。乌江案例结果表明，运行阶段中国水电可持续综合评价指标易于获取，可作为国家能源局管理已建电站的有效工具。同时，水电企业可根据水电可持续综合指数、子系统可持续水平、单个指标可持续水平三个层面评价成果，改进企业经营管理水平。

中国水能资源潜力主要分布于西南地区。根据2016年3月国家能源局发布的《水电发展“十三五”规划（征询意见稿）》，西南梯级水电也是我国“十三五”水电开发的重点。因此，本书构建的运行阶段中国水电可持续综合评价指数，根据西南流域特征，选取评价指标，并设定了相应的评价标准。这套方法如果应用于中国其他区域，需要根据各地区流域特点，对指标及标准进行修订。这也是未来中国水电可持续评价的研究内容之一。

### 7.2.3　运行期中国水电可持续评价体系的应用性

国家能源局作为水电行业行政主管部门，要求水电企业降低水电开发利用影响，革新水电建设及管理技术，改善已建电站的运行管理，提高水电企业发电量。建立水电认证制度，通过提高电价可促进这些目标的实现。如何评价一个水电项目的可持续水平是建立已建电站认证制度的核心。本书提出的运行阶段中国水电可持续综合评价指标及标准，可用于度量最小化影响、最大化效益、已建电站的可持续运行。与已有生态标签、绿色水电、低影响水电认证类似，这套方法可作为中国水电可持续认证标准，尝试在中国推广应用。

### 7.2.4　乌江梯级水电可持续发展支撑条件

资产报酬率是利润总额和利息支出之和与平均资产总额的比值，是衡量公司资产获得报酬能力的重要指标。它能把公司生产经营的收益与对资产的运营结合起来，综合地反映公司的生产经营收益及其资产的运营效果。该指标值越大，说明公司资产的获利能力越强，反之，意味着公司的获利能力越弱。2004—2010年乌江公司的资产报酬率基本保持在4%左右，略低于行业平均水平5%（国家发展改革委中国经济导报社，2010；2016）。一个重要原因在于2004—2010年期间，洪家渡、构皮滩、思林和沙陀水电站处于建设期，固定资产投资较多，资产增长速度快。此外，2009年乌江公司平均上网电价为0.262元/(kW·h)，比省内平均购电价格低0.048元/(kW·h)，比南方电网区域上网电价低0.174元/(kW·h)。

根据前人研究成果（卞勋文等，2008），乌江干流非库区段水质较好，丰水期水质要好于枯水期；但是，乌江渡库区水体富营养化严重，TN和TP分别为3mg/L和0.24mg/L，综合营养指数评价结果显示，该库区属于中度～重度富营养。对乌江渡库区水质可能产生影响的工业污染源主要为金沙、黔西、修文和息烽4县的排污企业，工业污染对乌江渡库区水质影响严重；农业污染源主要为农药和化肥的使用；生活污染源为金沙、黔西和息烽县城全部生活污水及修文县部分生活污水。从污染强度来讲，进入乌江渡库区污染源要明显高于洪家渡和索风营库区。这些入库污染物是造成乌江渡库区富营养化严重（EN2富营养化比例偏高）的原因，应加强入河

排污的管理与治理。

根据国家环保部对《乌江索风营水电站环境影响报告书》《关于乌江东风水电站扩机工程环境影响报告书的批复》的批复意见，乌江公司在索风营建成并投运了长江上游西南第一座珍稀鱼类增殖放流站。工程于2008年12月25日建成竣工，重点增殖放流岩原鲤、白甲鱼、中华倒刺鲃、长薄鳅等，年放流鱼种9万尾，静态投资3720万元。同时，根据《乌江思林水电站环境影响报告书》《乌江沙沱水电站环境影响报告书》的批复意见，为满足乌江思林、沙沱、构皮滩水电站鱼类增殖放流需要，乌江公司在思林水电站建设鱼类增殖放流站，工程于2009年12月底竣工，总投资4039.43万元，近期重点增殖放流岩原鲤、青鱼、中华倒刺鲃、白甲鱼、泉水鱼、长薄鳅、华鲮，中长期考虑放流圆口铜鱼、圆筒吻鮈、墨头鱼，放流数量为每年57万尾。亟须持续开展两座鱼类增殖站放流效果定量评估，明确放流鱼种对乌江干流野生鱼类资源的影响和补偿效果，总结两座鱼类增殖放流工作的经验，并对未来的鱼类增殖放流工作提出优化建议。EN3（运行前后河岸带珍稀濒危植被种类变化率）未来可根据鱼类增殖放流效果评估成果动态调整。

## 参考文献


[1] 卞勋文，魏浪，李磊，等．梯级开发条件下乌江干流水质的累积影响研究［C］// 全国环境与生态水力学学术研讨会，2008.

[2] 国家发展改革委员会中国经济导报社．2010年水电行业风险分析报告［J/OL］. http：//doc.mbalib.com/view/d64b48975660351aa6e0b9b441d31e80.html

[3] 国家发展改革委员会中国经济导报社．2016年电力行业风险分析报告［J/OL］. http：//max.book118.com/html/2016/0128/34271058.shtm

[4] Browne D, O'Regan B, Moles R. Use of multi-criteria decision analysis to explore alternative domestic energy and electricity policy scenarios in an Irish city-region [J]. Energy, 2010, 35 (2): 518-528.

[5] Hayashi T, Ierland E C V, Zhu X. A holistic sustainability assessment tool for bioenergy using the Global Bioenergy Partnership (GBEP) sustainability indicators [J]. Biomass & Bioenergy, 2014, 66 (7): 70-80.

[6] International Hydropower Association (IHA). Hydropower sustainability assessment protocol [EB/OL]. [2010-12-08]. http://www.hydrosustainability.org/Protocol.aspx

[7] Maxim A. Sustainability assessment of electricity generation technologies using weighted multi-criteria decision analysis [J]. Energy Policy, 2014, 65 (65): 284 - 297.

[8] Shmelev S E. Dynamic sustainability assessment: The case of Russia in the period of transition (1985—2008) [J]. Ecological Economics, 2011, 70 (70): 2039 - 2049.

# 第8章 结论与展望

## 8.1 主要结论

(1) 本书借鉴国际经验和科技文献最新研究成果，阐述了水电可持续发展系统的组成、结构及特征；针对我国水电行业管理特点，提出符合我国国情的中国水电可持续评价概念及内涵，即“针对某一流域，通过提高和完善管理行为，实现水电规划、设计、施工及运行各阶段与流域内社会、经济、环境子系统相协调，发挥水电项目的综合效益，并确保流域复合生态系统维持在一定水平的过程”；凝炼中国水电可持续发展指导原则。

(2) 本书基于流域生态系统特征，构建了具有可操作性的中国水电可持续评价框架、评价指标及标准、计量方法，并提炼了中国水电可持续子系统评价方法，涵盖管理、社会经济、生态环境3个方面。

(3) 选取乌江流域作为案例区域，系统开展了乌江梯级水电站可持续评价。乌江水电梯级开发及管理模式符合范围经济理论，经济效益显著。仅梯级水电站建设管理模式的经济效益达50亿元，占乌江公司水电投资的14.4%；梯级水电集中运行管理模式可使乌江公司水电发电量和水电销售收入均提高5.6%。同时，乌江梯级水电开发带动了区域经济发展，可使沿岸县域人均GDP和当地财政收入每年增加3%～4%；农村人均收入每年3%，农民增收效果显著。国家政策调整导致的开发成本上升、电站综合功能扩大导致的建设投资增加、天然来水减少和水电价格偏低是影响乌江公司经营和财务状况的主要原因。

(4) 乌江水电梯级开发的社会效益显著，移民补偿安置政策法规日趋完善，补偿标准提高，但乌江渡、东风和洪家渡电站移民人均纯收入为安置区居民的60%～70%、74%～84%、91%～98%。同时，通过采取索风营、思林、沙沱的鱼类增殖放流和建立索风营猕猴保护区等一系列适应性管理措施，可实现乌江梯级水电与生态环境保护的双赢。乌江梯级水电开发可实现957.6万t的年减排效益，并可带来

9.7 亿元的年生态价值。

（5）乌江梯级水电站管理、社会经济、环境子系统均处于可持续状态。乌江梯级水电站可持续综合指数得分为 0.754 分，处于强可持续水平。

## 8.2　政策建议

### 8.2.1　国家层面

（1）加强流域水电开发与管理立法。在水法体系建设方面，我国还处于初步发展阶段，无法为乌江流域水电开发提供强有力的法律支持。虽然我国目前已有《关于保护和改善环境的若干规定》《中华人民共和国环境保护法》《中华人民共和国水污染防治法》《中华人民共和国水法》等关于水资源和水环境保护的法律法规，但还没有针对有关流域水能资源开发与综合管理等领域的法律法规。这会造成我国诸多流域资源开发上的权责不明确，无法有序地对其进行合理规划和开发。为此，建议尽快出台有关流域水电开发与管理的法规，为实现流域水能资源的统一开发与管理提供法律依据，从而为流域水电开发提供保障。

（2）开展流域统一水电上网电价研究及试点。流域统一上网电价，有利于合理利用水能资源，通过梯级电站群的联合运行和优化调度，最大限度发挥梯级电站效益，实现水能资源利用最大化。开展流域统一上网电价的可行性研究，尝试提出流域统一上网电价方案。选取单一主体负责水电开发和管理的流域，进行流域梯级电站统一上网电价试点研究。

（3）适时提高上网电价，破解移民及生态瓶颈。建议将因政策调整和扩大综合功能增加的投资纳入电站建设成本，参加上网电价测算；根据经营期内来水量和发电量低于预期指标的实际情况，对原设计发电量进行合理修正，采用修正后的有效电量测算上网电价；通过提高长期偏低的水电价格，实行水火同网同质同价，破解当前水电行业发展过程中面临的移民及生态瓶颈问题。

（4）继续实行税收等优惠配套政策。建议政府继续通过财政支持、税收优惠等优惠政策为水电企业提供支持，并配套出台可再生能源生产配额、上网电价、优先并网、增宽、低息贷款、研发资助和设备返款等相关优惠政策，形成完善的水电行业优惠政策体系。

（5）有必要在借鉴国际水电可持续评价技术方法的基础上，针对我国的国情，提出一套中国水电可持续评价指南。

### 8.2.2 乌江公司层面

（1）以电为主，多种经营，综合发展，把公司做强做大。

（2）加强集控中心职能，完善水火联合调度和跨流域联合调度。

（3）提高财务控制和资本运作能力。

（4）抓住电力市场化改革的机遇，尽快制定竞价策略，根据自身运营现状和经济目标制定市场优化运行策略，通过竞争获得上网电量。

## 8.3 研究展望

现有国际水电可持续发展研究具有多元化特征，采用的水电可持续评价指标体系具有框架性特性，亟须结合不同国家的实际情况、资源禀赋条件、社会经济发展水平、水电开发程度等开展水电可持续评价技术本土化工作。出台电力行业标准《中国水电可持续评价》是有益的尝试，可为国家能源局提供运行期水电站行业监管工具。

基于系统论的新型可持续评价指数是水电可持续发展领域未来研究方向之一。热力学和信息理论方法，例如能值分析，可用于表征复合系统状态。能值是可持续评价中非常有效的科学工具，也是当前的研究热点之一。

流域复合生态系统状况评价指标减量化机理以及复合综合指数变化驱动力是世界范围内的研究热点之一。已经采用的方法包括主成分分析、系统动力学方法和相关性检验。自然和人工系统可持续管理取决于人类自身的行为与选择。与之相关的研究热点包括流域内部各子系统之间的相互作用研究、人为干扰与流域复合生态系统的响应关系研究、水生态系统状况单一指示指标研究、激励政策在水电决策中的作用及效果研究、中国水电综合效益核算及国际比较研究等。

如何协调水电站运行调度与区域社会经济发展是运行期水电企业面临的难题。适应性管理是通过监测手段，对各种调度理论、技术和措施的实施效果进行论证和检验，基于信息反馈和最新技术进展，对原有调度方案和环境保护措施进行改进。与传统模式相比，适应性管理在管理范式、管理体制、管理目标、管理手段方面均有突破。水电可持续评价可为运行期水电站适应性管理提供面向社会经济、生态、管理多元利益主体的影响及效益数据，服务于多元化适应性管理目标及方案。如何将水电可持续评价与适应性管理结合，提高运行期水电站管理精度和效果是未来水电行业的研究与实践热点。